纺织服装高等教育"十四五"部委级规划教材

FUZHUANG
CHUANGYI
YU
SHEJI
BIAODA

服装创意与设计表达

FUZHUANG CHUANGYI YU SHEJI BIAODA

刘 佟　周怡江　吴煜君　钟 利　编著

扫二维码看书中视频

東華大學 出版社

·上海·

内容提要

《服装创意与设计表达》全书分为上、下两篇。

上篇为"创意设计与表达",包括服装设计的平面与立体表现、命题设计两个模块,介绍了从绘制设计图到立体造型表达的方法,从不同的设计命题角度,解析与启发服装设计的创意思路。

下篇为"设计实践",包括系列服装的拓展设计、立裁设计案例解析两个模块,通过具体的设计案例,系统完整地展示了从服装单品到系列的拓展设计,从设计图到立裁设计的过程与方法。

本书是作者多年专业教学与设计实践的成果,以具体的设计实践为案例,介绍与分析了服装创意设计的过程,全书图文并茂、深入浅出,旨在拓展服装设计师的创意设计思维,提高设计与表达的综合能力。可作为服装或艺术设计类高等院校的服装与服饰设计、服装设计与工艺、纺织工程等专业的教学与学习用书,也可作为其他专业的学生选修或自学参考用书,还可为服装设计师、样板师、相关领域工作人员以及服装设计爱好者提供专业提升的借鉴与参考。

图书在版编目(CIP)数据

服装创意与设计表达 / 刘佟等编著 . — 上海:东华大学出版社,2023.3

ISBN 978-7-5669-2129-1

Ⅰ . ①服… Ⅱ . ①刘… Ⅲ . ①服装设计 Ⅳ . ① TS941.2

中国版本图书馆 CIP 数据核字(2022)第 204792 号

服装创意与设计表达
FUZHUANG CHUANGYI YU SHEJI BIAODA

编　著:刘　佟　周怡江　吴煜君　钟　利
出　版:东华大学出版社(上海市延安西路1882号,邮政编码:200051)
本 社 网 址:dhupress.dhu.edu.cn
天猫旗舰店:http://dhdx.tmall.com
营 销 中 心:021-62193056　62373056　62379558
印　刷:上海盛通时代印刷有限公司
开　本:889mm×1194mm　1/16
印　张:8.5
字　数:300千字
版　次:2023年3月第1版
印　次:2023年3月第1次印刷
书　号:ISBN 978-7-5669-2129-1
定　价:65.00元

序　言

这是一个创意无处不在的时代。

"创意经济"是知识经济时代的衍生产物,它给予了我们无尽的空间和机遇去施展自己的才华,任何人都可以把自己内心的想法或情绪通过某种方式表达出来,无论是服装企业品牌或是独立设计师,都在寻找着属于自己的独一无二。

服装行业竞争日益激烈,随着市场需求的个性化与细分化,需要服装设计师不仅要有扎实的专业理论基础和对市场敏锐的感知能力,更要具备准确表达设计作品的能力。设计师按照具体的设计目的与要求,清晰设计定位,明确设计方向,大胆尝试与创新,熟练设计单品,具备从单品到系列产品的拓展设计能力,不仅能将头脑中极具创意的想法,形象准确地通过设计图的形式表现出来,更能够将设计思维在二维平面和三维空间之间自由转换,发现创意设计的各种可能性,通过对特定服装造型的理解,快速找到对应的结构设计与纸样处理的方法,并从立体造型技术的层面,解决专业设计与技术上的各种问题。未来的设计师职业,对专业的综合能力与设计经验有了更高要求,这无疑是极大的挑战。

服装设计是一种艺术与技术相结合,既科学严谨又极具创意的工作。如今的服装行业、服装设计或品牌产品研发最需要的就是"文化、风格与创新"。"文化"感需要长期的积累与提炼,在设计作品中自然呈现,"风格"需要与时俱进与大胆尝试,而"创新"是什么?设计实践又有多重要?我们将"创新"归纳为三层含义:更新、创造新的东西、改变。创新是人类特有的认识能力和实践能力,一个民族要想走在时代前列,就一刻也不能没有创新思维,一刻也不能停止各种创新,在时代浪潮中努力寻求设计的个性化与差异化,勇于推陈出新。设计师及其团队在提高业务能力、积累实战经验的同时,发现设计的艺术性与技术性中交集的最佳契合点,才能让设计作品充满生机,让服装企业与品牌生存、发展与壮大。

　　设计图表现或一个不错的想法固然非常重要,也是设计师应该具备的专业技能,但对于设计而言,设计不仅仅如此,必须付诸实践,用实物说明问题,这时,创意设计和技术创新便产生了关联。在我们几十年的设计与教学工作中,发现很多专业的教学虽然在强调设计师的动手能力,却大多停留在一些基础款式或常规的表现技巧与手法上,虽然通过某种教学手段或许激发出了学生的无限创意,可在实践操作上却很难深入,无法在设计的各种个性化的差异中寻找最理想的解决方案,设计表达与技术实现往往脱节了。许多职业设计师们,要么通过对销售业绩的各种反馈,针对市场反响与预判,对未来设计进行适度的调整与统筹,要么费尽脑汁而停留在设计的创意思路与拓展表现上,对实际的款式造型与结构处理技术环节的控制,却显得无奈与尴尬。对于设计而言,真正的设计不仅要有个性鲜明的外在形式,还要有明确的文化精神内涵与高辨识度的风格,对各个设计元素综合考量,反复推敲与揣摩,甚至亲自动手,找出恰当的结构表现方式、合理的制作方法等技术手段,从技术层面体现出设计作品应有的美学与经济价值。

　　本书内容是在作者几十年从事专业教学与专业设计工作的实践基础上,关于设计创意思维及表达方式的一些见解,是关于设计作品在艺术审美和造型技术理论与实践经验方面的总结与升华,本书通过大量实战操作的案例展示和分析,力求以最直观的方式,解决专业教学中如何通过最佳的表达方式呈现创意设计的一系列问题,希望能给予服装设计师在设计创作与创新实践上一些启发与帮助。

　　由于编者水平与能力有限,本书的撰写或许存在诸多不足,希望能够得到广大读者的批评与指正,谢谢!

编著者

2022 年 10 月

目　录

下篇 设计实践

模块一 服装设计的平面与立体表现

　　任何设计，首先都需要通过某种工具和手段，以某种形式将设计意图表达出来。恰当的表达方式可以有效地传达设计意图，提高工作效率，这也是设计师需要具备的专业技能之一。

　　我们将服装设计的表达方式分为平面的设计图表现和立体造型表现两种。

　　作为以视觉形象设计为主要特征的服装设计师，要想将头脑中的某种创意与想法，快速、经济和形象地表达出来，最有效的方式就是通过平面的方式绘制设计图纸，模拟设计的外观形式来表现自己的构思，进而为下一步的实物或样衣制作提供参考依据。根据使用工具的区别，目前通过平面的形式表现设计最常用的方法分为手绘和电脑绘图两种，两者在设计过程中各自具有不同的特点。

　　随着现代服装设计的快速发展，设计概念的多元化与创意表现的个性化已经成为一种必然趋势，平面的设计图纸或传统固有的思维模式，有时已经无法准确清楚地表达出某些设计意图，或某些设计创新本身就是试图突破设计在二维平面的某些局限，在三维空间中寻求外造型与局部细节的创意点，设计往往需要借助一些立体的、创新的表达方式，共同完成创意设计这一过程，得出理想的设计结果，同时使设计具备较好的功能性和技术上的合理性。因此，立体造型表达便是很好的设计手段，这种方式可以更直观、更形象地展现设计的每一个细节，并在造型的过程中及时发现设计的问题，并对之进行调整与完善。很多企业和设计师，已经将立体造型的表达方式作为一个新的设计方法运用到实际的设计实践中，不仅提高了创意设计的效率，同时提升了企业品牌的核心竞争力。

　　无论采用平面设计图的表达，还是立体造型的表达，都是服装设计师在具体创意设计过程中需要具备的基本专业技能与表达手段，可根据个人的喜好和设计的实际情况灵活运用，相互取长补短。

任务一
设计图表达

视频1：设计图表达

一、手绘设计图表现

如何将头脑中的概念变成具体的服装款式,构思成型的第一步便是服装手绘设计图的表达。

服装设计图的平面表现形式多样,如时装画、效果图、款式图或者设计草图等。设计图的表达见视频1。

1. 设计草图

设计草图是在灵感闪现时手随心动,随笔勾勒而成的。设计草图不要求精确完整地表现设计师的想法,却可以快速捕捉脑海中的想法。

如图 1-1-1,灵感稍纵即逝,设计初期,可以绘制设计草图,在短时间内将自己的想法用草图的形式表现出来,因而设计草图要求快速、清晰和精确。

■ 图1-1-1 设计草图

2. 服装效果图

服装效果图是以写实的手法,准确地表现人体着装的效果。

服装效果图需要表达出服装设计的风格和特点,描绘出服装的轮廓造型与面料质感等要素,常用彩色铅笔、马克笔、水彩、水粉等进行手绘。

通常服装效果图是由简单的设计草图细化、深入而来。

如图1-1-2,我们看到的完整的服装效果图往往是经过多次草图的尝试和细致刻画后形成的最终效果。服装效果图对之后的服装制作有着很重要的指导作用。设计初期对服装造型构思越明确,绘制的设计稿越完整清晰,对之后的服装制作指导才会越具体。

对于系列服装设计来说,一个成熟的系列需要绘制大量的草图,通过筛选和完善,再绘制最终成型的效果图。在草图完成之后,进行制作整理是绝对必要的。设计师对服装草图进行最后的修改之后,设计才算基本成型。除了注重系列服装设计中的单品单套的设计感与可穿性,更需要对系列服装设计整体的色彩节奏、面料运用、主题展示、整体廓形、细节等进行协调与把控。

■ 图1-1-2　手绘设计效果图

1)人体动态

人物造型表现与服装效果图有着必然的联系,服装设计艺术素有"软雕塑""流动的空间艺术"之称,它依靠模特儿的肢体语言来体现服装设计的魅力。不同的人体动态由于外在形体特征和审美精神内涵的差异,着装后呈现不同的状态。因此,充分地了解服装画人物的动态规律能为服装的设计表现铺好基石,增强服装设计的艺术感染力和时尚号召力。

因此,画好服装效果图,首先需要掌握常用的人体动态。

站姿是服装效果图中最常用的动态,如图1-1-3~1-1-5所示,站姿可分为正面站姿、3/4侧站姿、侧面站姿和背面站姿。正面双手垂落的自然

状态下,人体对服装的遮挡较少,能够将服装展示得较为全面。

走姿是模特在伸展台上向前行走展示服装的姿态。如图1-1-6,模特的手臂微微摆动,脚步迈向前方,身体呈现出s型曲线,具有动感和韵律感,因此服装会产生较为丰富的褶皱变化,服装效果图会显得更加生动自然。

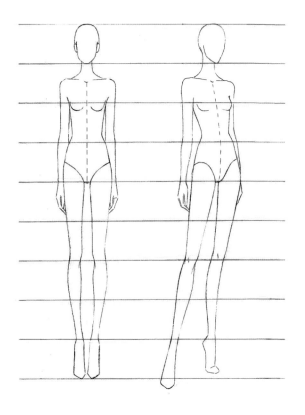

■ 图1-1-3 正面站姿和3/4侧站姿

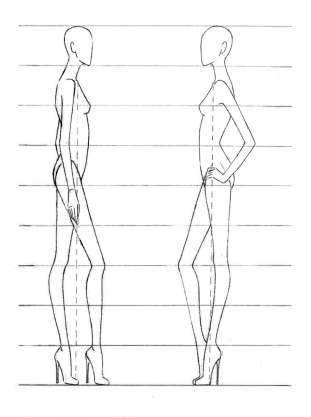

■ 图1-1-4 侧面站姿

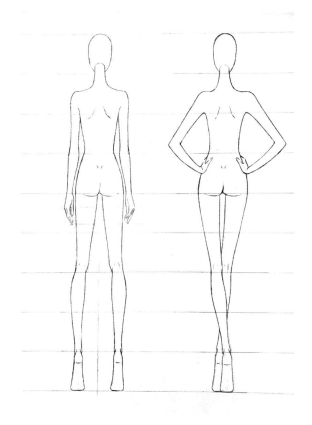

■ 图1-1-5 背面站姿

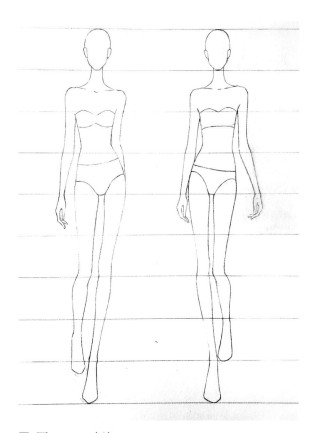

■ 图1-1-6 走姿

2）构图

绘制单套效果图时可采用单人构图,亦可使用同一人体动态的正、背面分别表现服装设计的前、后效果。

绘制系列服装效果图时可采用多人穿插构图或多人平行构图,将多个动态组合在一起,增加画面的观赏性。

采用多人穿插构图时,人物动态造型需为服装的风格服务,要分清画面主次,以表现服装为准则,这样既突出了重点又富有艺术感。如图1-1-7,根据人物的前后顺序、站立姿态、人物高低等因素的不同,通过透视、明暗、虚实等视觉原理,塑造出画面的空间感,运用不规则的层次组合,将画面中的人物有关联地穿插在一起,营造画面的动态感。

绘制系列服装效果图亦可采用平行构图,这也是服装效果图较为常见的一种构图形式,在时装画里也屡见不鲜。如图1-1-8,将多个人物组合在同一画面中的同一水平线上,人物组合之间疏密距离合理,人物大小适中,为达到动态平衡的一种构图方式。这种构图整体画面干净、清晰、平稳。在呈现系列时装时,时装元素的运用、细节的变化和整体的统一性一目了然。

■ 图1-1-7 多人穿插构图　　　　　　　　　　　　　　　■ 图1-1-8 多人平行构图

3）绘制步骤

人体动态设计 → 服装设计草图 → 人物着色 → 图案绘制 → 面料绘制 → 添加背景等

如图1-1-9~1-1-14手绘完成多人平行构图的服装效果图绘制步骤。

■ 图1-1-9　服装设计草图

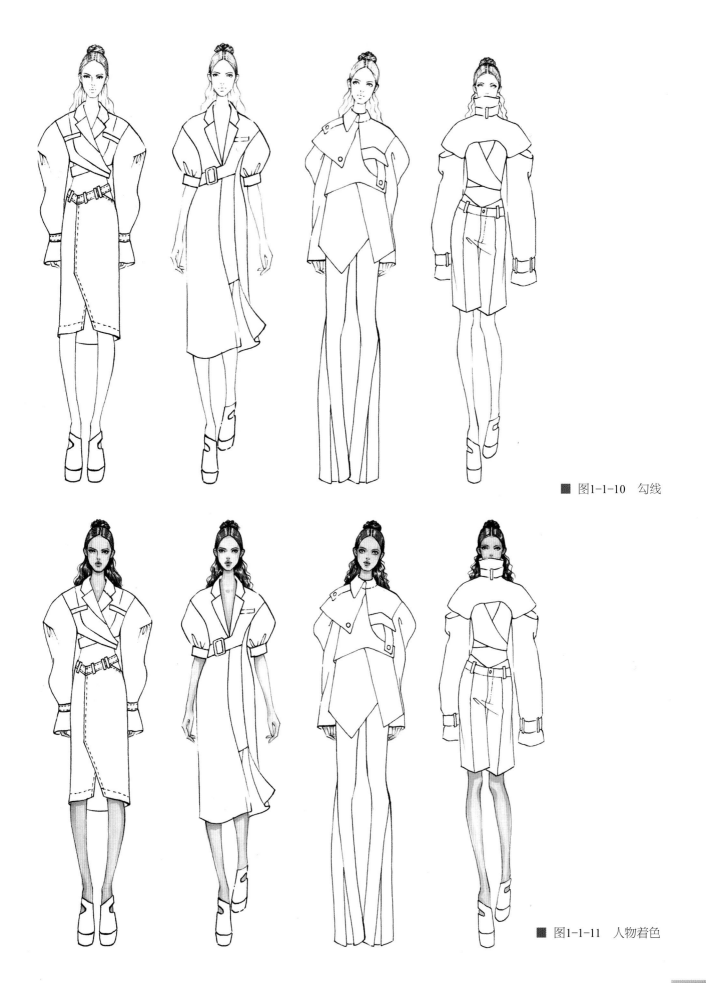

■ 图1-1-10 勾线

■ 图1-1-11 人物着色

■ 图1-1-12　图案绘制

■ 图1-113　面料绘制

3.服装款式图

服装款式图又叫服装款式工业制图或服装平面图，是更偏重于工业化的制衣图。绘制以生产为目的，以工艺内容为主，用精确的线条传达整件服装的款式细节、制作方式、生产规格等信息，便于工厂生产和制作。

服装款式图以准确的比例体现款式特征，体现服装的平展，线条清晰明了，轮廓线、结构线、分割线和装饰线的粗细不同，需分清主次，不需要刻画服装中非结构的衣褶线，局部结构可特写放大表现。绘制系列服装时，在同一页面的服装应同比例放大或缩小。

可按照以下步骤进行绘制：

人体模板 → 款式线稿设计 → 勾线整理

如图1-1-15，完成手绘服装款式图。

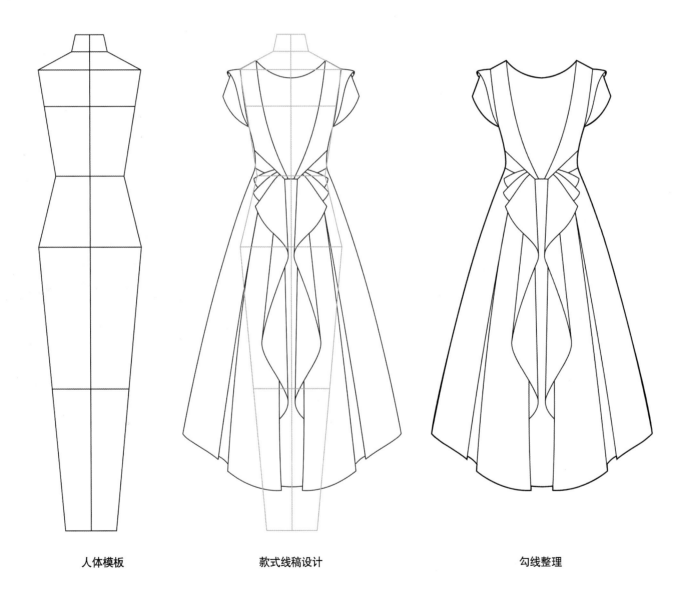

人体模板　　　　　　　　　款式线稿设计　　　　　　　　　勾线整理

■ 图1-1-15 款式图绘制过程

二、电脑设计图表现

服装效果图亦可以采用电脑绘图软件绘制，以及手绘与电脑软件相结合的绘制方法。

在系列服装效果图的绘制中通常采用电脑软件结合压力感应笔的绘制方法。通过压力感应笔在手绘板上绘制出服装效果图，在专业的电脑图像处理软件中，高效便捷地搭配色彩和图案，从而获得清晰、美观、逼真的服装效果图。概念明确、表达清晰完整的效果图可以对之后的系列设计起到指导和规范的作用。

Adobe 公司推出的 Photoshop 软件是目前市场上最常用的图像处理软件之一，主要用于绘制和处理位图图像，其在各行业领域中发挥着重要的功能。下面讲解和演示的效果图的电脑表现都将使用该软件。

如图 1-1-16，造型夸张，色彩饱满，表达一种抽象神秘的视觉效果，通过设计图，我们不仅对款式有了一个大概的了解，也可以从中感受设计师的用意。

■ 图1-1-16　电脑设计图

1. 电脑设计图的优点

将设计稿件传输到电脑,利用设计软件对稿件进行调整润色处理,根据具体的设计需求创造出更加丰富多彩的视觉效果。

结合压力感应笔在手绘板或手绘屏,可以像传统的手绘方式一样,灵活地绘制出设计稿件,高效绘图。

在电脑设计软件中,色彩、图案、面料等设计要素都可以进行反复修改,避免了传统手绘使用的各种工具材料及纸张的浪费,体现设计上的节能环保概念。

利用电脑软件绘制完成的作品可以采用多种图像格式进行保存,服装设计师可以根据图像格式的性能特点进行选择,以符合实际应用需求。

2. 绘制方法与技巧

第一步,准备好人体模特素材。

准备人体模特素材的方法有两种,一种是将照片处理成人体模特素材,另一种是在电脑中绘制人体模特。

如何将照片处理成人体模特素材呢?

电脑绘图相对于手绘而言,显著的特点之一就是方便复制。

如图 1-1-17,先准备一张泳衣模特照片素材,根据服装效果图的需要对照片中的人体进行缩小头部、缩窄肩部和腰部、拉长腿部等变形,使比例接近9头身长。

■ 图1-1-17　照片素材适当调整

如图 1-1-18,可以利用真人模特照片,通过适当地调整身材比例、模特发型、妆容、鞋子等部位,变换出多个人体模特以供使用。因此,在日常的学习工作中应注意多积累,充实自己的人体模特素材资源库,使以后的创作更加便捷。

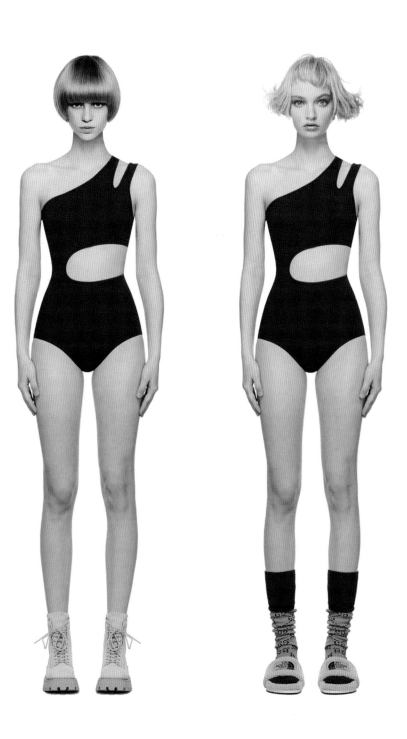

■ 图1-1-18　模特素材库的整理

如图 1-1-19,复制调整好比例的人体模特,为模特添加不同的妆容、发型和服装配饰,营造不同的风格,将模特素材应用到服装设计中。

如何在电脑中绘制人体模特呢?

如图 1-1-20,参考模特照片素材,利用手绘板,结合绘制者自身的手绘功底,绘制出写实风格的人体模特。

这种方法需要对人体的结构动态有清晰的认知,并且具备一定的绘画基础。

■ 图1-1-19 模特素材的应用

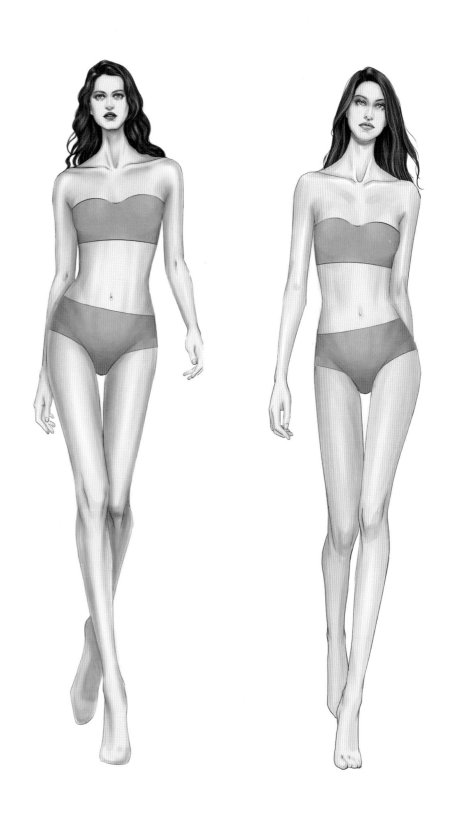

■ 图1-1-20　写实风格人体模特

第二步,绘制服装效果图的线稿。

可以采用以下两种方法进行绘制:一种是使用 Photoshop 中的画笔工具结合压力感应笔在手绘板上绘制线条;另一种是使用 Photoshop 中的钢笔工具,通过创造曲线路径的方法进行线条绘制。

如图 1-1-21,使用 Photoshop 中的画笔工具结合压力感应笔在手绘板上绘制线条,选择硬边缘压力大小可调画笔。绘制人物时,画笔大小可调至

3~5 像素;绘制薄料服装时,画笔大小可调至 7~9 像素;绘制厚料服装时,画笔大小可调至 9~11 像素。同时,依靠压感,下笔的轻重缓急也可在屏幕上表现出来。粗细变化的线条可以区分不同部位的质感,体现出人体和服装各局部部位间的内外、前后、转折等空间关系。这种方法对服装设计师的美术功底有较高的要求,绘制的线条效果灵动,接近于传统手绘制图的形态。

■ 图1-1-21 用Photoshop软件中的画笔工具绘制线稿

如图 1-1-22，使用 Photoshop 中的钢笔工具，通过创造曲线路径的方法进行线条绘制。使用钢笔工具绘制出平滑的路径，再选用合适的笔刷描边路径，逐条完成绘制。使用这种方法可以得到比较标准、顺滑的服装线条，线条控制的难度较低，但不及手绘的线条生动，细节变化少，线条更规矩板正。适合尚未配备手绘板的初学者。

■ 图1-1-22　用Photoshop软件中的钢笔工具绘制线稿

第三步,填充固有色。

线稿绘制完成后,让服装线稿处于独立的图层上,此时就可以新建图层用来填充服装的固有色。

如图 1-1-23,在"线稿"图层下方新建"紫色"图层,使用磁性套索工具做出选区,在该图层用油漆桶工具填充局部服装的紫色固有色。在"紫色"图层上方再新建一个"粉色"图层,同样使用磁性套索工具做出需要的选区,然后在该图层用油漆桶工具填充局部服装的固有色"粉色"。通过同样的方法,可以对服装的各个部分进行相应的颜色填充。除了使用油漆桶工具做单色均匀填充的效果,亦可根据设计风格的需要使用渐变工具,做两色或多色渐变的色彩效果。在填充过程中,要时刻注意图层的顺序,上方图层有像素的区域会覆盖住下方图层使之看不见。因此,通常上方的图层对应服装的外层,下方的图层对应服装的内层,这样对应实际穿着时外层服装覆盖内层服装的规律,形成合理的图层顺序。

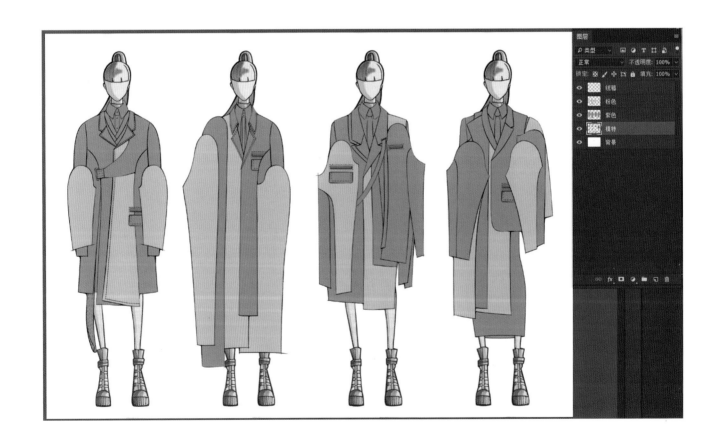

■ 图1-1-23 固有色上色图层

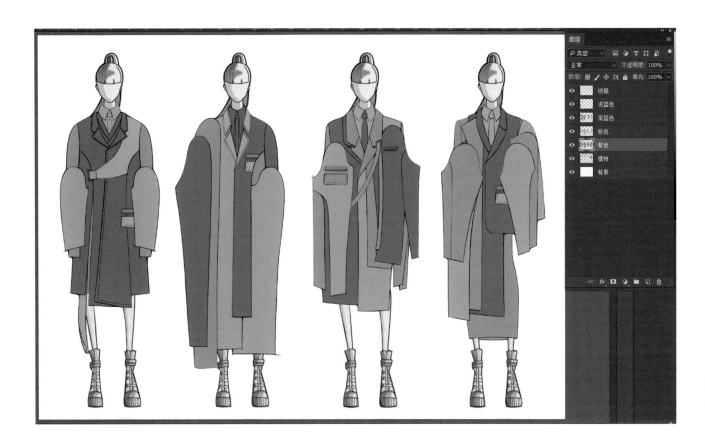

■ 图1-1-24　面料与图案图层

　　第四步，填充面料或图案效果。

　　如图 1-1-24，完成固有色填充之后，就要进行服装面料与图案的填充。可以在网上寻找合适的面料或图案素材，然后在相应的服装颜色的图层上点击鼠标右键，选择"创建剪贴蒙版"，把面料或图案素材粘贴到蒙版图层上。在粘贴完成后，还可以使用移动工具和"自由变换"命令，对面料或图案的位置、形态、方向、大小进行调整，使之符合设计需求。此外，还可以使用画笔工具、选区工具、图层混合以及各类调色工具对面料和图案的颜色，肌理，局部细节进行修改，以取得更加统一、协调的设计效果。

第五步,服装立体效果的处理。

在填充好面料与图案之后,就形成了比较完善的服装造型。但此时,服装造型仍然是二维平面形态,需要对其进行立体化处理,才能更加接近实际穿着后的效果。

如图 1-1-25,立体化处理时,首先要注意处理好服装上的暗部和高光部位。在线稿图层下方建立"阴影 1"图层,将该图层的混合模式调整为"正片叠底",使用钢笔工具绘制出暗部范围,用比服装固有色略深的颜色作为阴影色填充路径,再通过滤镜里的"高斯模糊"命令,适当虚化阴影的边缘,使明暗过渡更柔和。或者用选区工具选出阴影区域,用软画笔,根据具体的明暗关系,绘制出阴影的层次变化。对于阴影较深的部位,还可以继续在"阴影 1"图层上方叠加"阴影 2"图层,实现更加立体和丰富的阴影效果。绘制高光时,在阴影图层上方新建一个图层,命名为"高光"图层,然后使用钢笔工具绘制出高光形状,前景色调整为白色,执行"填充路径",再通过滤镜里的"高斯模糊"命令,虚化高光的边缘,使高光的效果更柔和。用这种方式,还可以继续为服装的配饰如帽子、项链、手套、袜子等添加立体效果,形成统一的光影关系。

■ 图1-1-25 添加阴影和高光图层

CUT PIECES

■ 图1-1-26 版面设计方案一

第六步,排版设计。

立体效果处理好后,服装设计的基本内容就已经得到了完整呈现。

对系列服装效果图上的所有款式设计进行排版,以突出系列服装效果图的整体风格。排版设计时可使用文字工具,选择恰当的艺术字体,在画面的合适位置标注系列名称。在画面的空白部分,可酌情为效果图添加倒影。还可以在服装效果图上添加背景图案、面料小样、颜色色块等,充实画面,取得最佳的版面效果。

如图1-1-26,添加了和服装颜色统一的灰紫色矩形色块做背景,并在人物的右边添加白色轮廓,使人物和背景拉开了距离,更加突出了人物。画面下方空白处加入了人物倒影,这种倒影是将人物垂直翻转后,降低图层不透明度得到的倒影效果,使画面产生稳定、对称、平衡之感。

如图1-1-27，添加的是一张紫色调的图片素材，颜色较丰富多变，营造出空间感。在模特的斜后方添加了灰色的侧影，营造出画面的纵深感。画面右侧空白位置，排列展示服装中需要用到的面料小样，平衡画面。

最后选用合适的文件格式存储。不同的文件格式其用途也不一样。例如，采用 PSD 格式完整存储图像。PSD 格式是 Photoshop 的默认文件格式，能够保留图层、蒙版、通道等信息，方便后期修改。也可采用 JPG 格式存储图像，JPG 格式是优秀的数字化摄影图像的存储方式，是网页上常用的一种格式，方便对外发布和展示设计作品。

■ 图1-1-27　版面设计方案二

任务二
立体造型表达

通过立体造型的方式进行创意设计的表达，整个设计过程非常直观，可以对整体与局部的造型进行合理的分解与组合，通过亲自"动手"，在人台或模特上，从造型的角度对设计进行各种大胆尝试，将布料在人模上立体的设计与展现，基本可以呈现出服装最后立体的造型效果，形象且有趣，这成为很多设计师经常采用的设计方法之一。设计过程可与绘制设计图的方式同时进行，通过立体造型的方式对整体结构进行理解与梳理，把握整体与局部造型的大小、比例与节奏，并发现早期设计图的不足，对其进行完善与调整。立体造型的表达见视频2。

一、局部造型

局部造型设计是指以人体为基础，在服装整体形象中，以某个关键部位作为一个设计着眼点，展开以表达某种设计特征为目的的设计。

1. 局部装饰造型

局部装饰造型设计通常会选择最能突出人体躯干的体态特征的部位，如胸部、腰部、胯部、背部、肩部，也会选择与衣身关联，但能够影响设计整体造型风格的特殊部位，如领、袖、下摆等部位。

局部装饰造型设计，除了采用相对传统的平面化的装饰手法，如车缝、镶边、刺绣工艺等来展现服装局部的精致与装饰效果，通过立体裁剪的手法给设计带来更多的灵感，表达更加深刻的设计意蕴与

创意主题，使设计结果更加立体和饱满，带来意想不到的视觉审美。

对于服装的整体造型来说，局部的装饰造型设计一般以点的构成作为设计的聚焦中心，通过有意识地对服装的某些局部进行造型特征的强化与夸张，使其具有一定的空间感和体量感，或通过极富装饰感的设计手法对其结构变化进行巧妙的二次创意。服装整体的形态随之发生变化，呈现出新的造型特色，从而表达出某种独特有趣的设计构思，表现出或创意、或唯美的视觉效果，使服装的整体更完整，局部表达亮点清晰，主次分明，主题突出。

如图1-2-1，设计一款浪漫唯美的合体礼服裙。

裙身整体设计采用不对称结构，肩袖与下摆造型自由舒展，以装饰手法为主要特色的前胸局部作为设计的视觉中心来表达设计主题。不同形态的布料，采用不同大小，角度的折、卷、叠等造型手法，交互穿插，层次丰富，线条优美，形式感极强，与衣身的领口线、不对称的斜向结构线等自然结合，在凸显胸部优美线条的同时，以"爱心"轮廓造型线勾勒出春意盎然、花蝶共舞的前胸装饰，设计构思巧妙，视觉形象紧凑饱满，立体且有趣。

如图1-2-2，将折纸的造型元素运用于合体上衣的局部，成为该款式设计的亮点。

将布片设计为多个不同形态的小插片，以不规则的发散排列方式，从前片一侧的斜向省道线内伸展出来，衣身下摆布料向门襟方向延伸加量，并进行内外反复的折叠翻卷，与上层的装饰折片共同形成

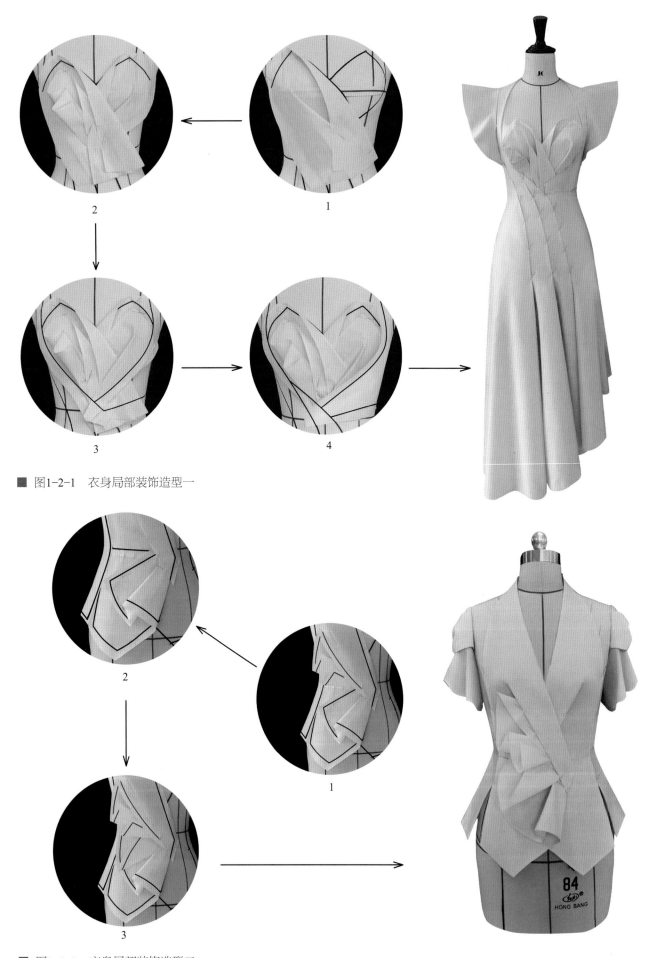

图1-2-1　衣身局部装饰造型一

图1-2-2　衣身局部装饰造型二

层叠错位穿插的造型特征。款式的局部造型设计，以不对称的设计手法，强调布片的折叠装饰效果，线条设计以短折线为特征，并注重长、短、虚、实的空间变化，个性突出，主题表达完整鲜明，与下摆、袖口等处的线性的表现形式一致，局部设计的元素运用与上衣的整体风格协调统一。

如图1-2-3，设计一个袖口镂空束结装饰的时尚短袖造型。

袖体长度与衣身主体形成借量互补关系，将衣身的肩宽收窄，胸、背宽度收小，袖窿形态随之发生变化，而袖山向内设计的褶量，使肩部造型蓬松饱满。将袖体分割成上下两个部分，中部为袖子造型装饰性较强的部位，上端为拱形挖空设计，下端为束结设计。在进行袖子造型设计时，需要预先设计出袖子的主体规格，如袖长、袖肥、袖口，以及袖体向衣身延伸互补的借肩量，还要设计出袖口局部装饰部位的各个数据。然后，以平面制版的方式，对袖子主体进行粗裁，在人台上与衣身袖窿进行造型吻合，调整出满意的袖型，作为袖子变化的基础样板，在基础袖型的立体状态下，标注出袖体中部的设计造型线，将基础袖型取下，在样板上进行剪切、展开、移动的结构变化，设计整理出完整的裁片形态。与衣片袖窿连接吻合，在立体状态下，对袖子局部的大小、形态、比例等进行调整，最终形成图示效果。

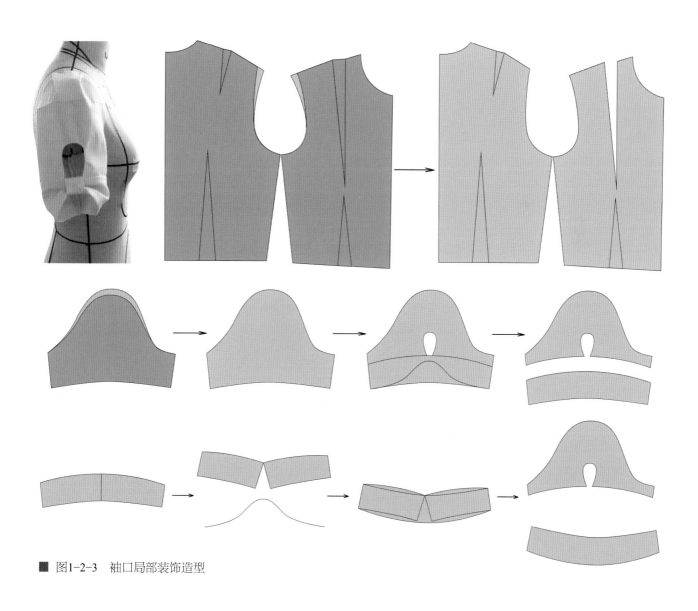

■ 图1-2-3 袖口局部装饰造型

2. 局部结构的创意造型

当服装的某些局部造型需要在结构设计创新的基础上表现创意的构思，或凸显局部造型的立体空间感，或以非传统的结构形式强化局部设计的形式美感时，有时候很难通过平面制版的思维方式去表达确切完整的设计结果。如果结合立体造型的方法进行设计，可视化的操作过程便会让我们寻找到艺术性与技术性共通的路径，在提升设计艺术审美的同时，也极大地提高了设计的效率，以"动手"的方式展现出设计的最佳方案。

如图1-2-4，设计一个双层袖山造型的时尚短袖。

将袖子整体结构设计为一片式构成，袖山造型为袖子结构变化的创意重点。袖山外层设计一个平行折叠的布片，外观呈拱门形状，向下包覆连接，与袖山底层结构共同形成一个立体空间的方肩造型。因此，在进行袖子造型设计时，根据袖山折叠布片与肩宽形成互补借量的结构特点，首先需要将衣身的肩宽与袖子的袖山高同时进行等量的减量与加量处理，等量大小为肩袖顶端的平行折叠布片的宽度。然后对袖子的基础样板进行平面的结构处理，袖体中部设计出合适的拱形曲线，将拱形曲线左右部分分别向两边平行移动，展开足够的袖口褶裥量，袖山曲线按照基础袖山的曲率变化进行相应的调整，随

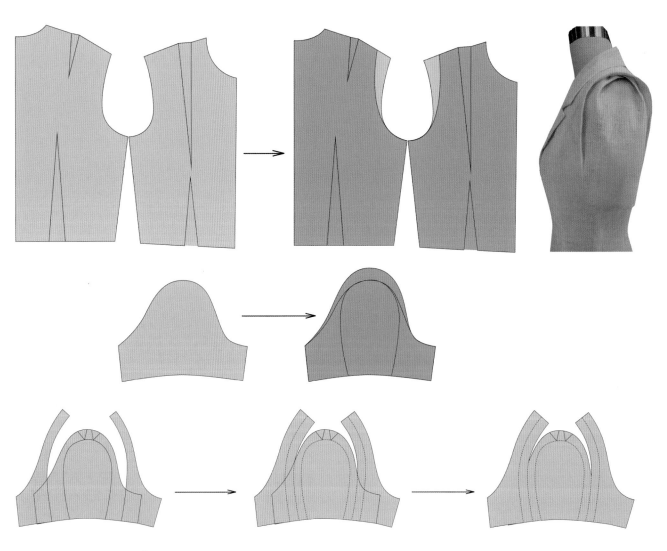

■ 图1-2-4 袖子局部造型一

之形成两条袖山曲线按照图示步骤，从外层的袖山曲线向内平行的补足等量的褶裥量，并与内层的袖山曲线相交，袖口将褶裥固定一段，向上形成曲线的折叠线由于袖山高提高，并向肩线转向延伸，袖山前后尺寸便与调整后的衣身袖窿形成了较大的差量，将之设计为袖山的省道。此时，内外层的袖山曲线形成了长度相等、形态不相同的结构外形，通过与衣片袖窿的合理连接，初步呈现出设计的袖子造型，在立体状态下，对袖子的局部形态进行调整，最终形成图示的造型效果。

如图1-2-5，设计一个强调体量感的时尚短袖。

肩部线条柔和并向袖体延伸，因此，根据肩部的造型特点，将衣身设计为落肩结构。袖子呈上下收拢，中间蓬大的"〇"形外形，强调袖子立体空间的外部廓形。根据肩袖的造型特点，首先适当延长肩宽，将肩线调整为曲线，改变衣身基础样板的袖窿线。然后，在袖子的基础样板上进行结构变化，袖子造型设计需要按照袖体廓形的特点来设计其内部的结构线的位置与形态。将袖山与袖口部位同时向两端延展加宽，进行不等量的加量处理，依据以下原则，即袖山加大量决定了整个袖体中部的体积感，增加空间容量，袖口加大量是由袖山外层的折叠造型向下延伸，且指向后侧袖口的褶量大小决定的。袖山增量分别从袖山的四个部位，通过两种设计方式

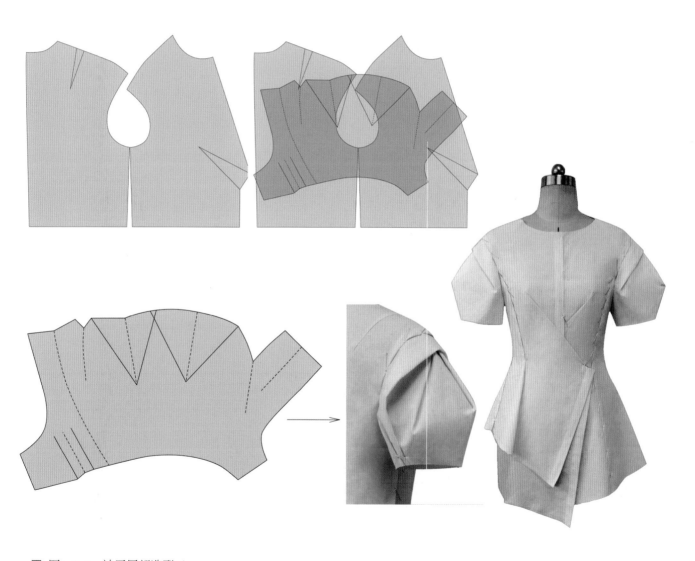

■ 图1-2-5　袖子局部造型二

（三个省道量与两个折叠量），对其进行结构处理。其中两个等量的三角形省道从袖山前后指向袖体中部，形成锥形的突起造型。第三处增量由袖山前部，指向前腋附近形成省道，同时向内平行折叠，加大袖体的厚度。第四处增量由袖山后部指向后侧袖口向内平行折叠，与前面的平行折叠量相等，前后折叠结构在袖山中部与肩线自然连接，共同构成袖山的外层造型，按照设计好的结构进行顺序连接，形成初步的造型效果，在立体状态下，对袖子局部进行调整，整理出完整的设计样板，展示出最终的袖子造型。

如图1-2-6，设计一款变体驳领的短袖女上衣，衣领的创意造型与结构设计成为上衣款式的特色与亮点。

驳头向外翻折的领边线于胸凸点处，与塑造服装合体结构的袖窿省道相交连接，翻折线与门襟线随之合并。根据驳领在胸部以上为立体翻折的造型特点，在衣片胸线上方，向翻折线外设计出与衣身一体的驳头，并向外翻出，使两层布面的下边缘对齐，衣身挂面从衣里内侧翻出，从翻折线与门襟线形成的折线相交点指向下摆，形成较大的结构夹角，挂面与驳头、衣身构成完整一体的前片结构，在人台上立裁出前侧片，展现完整的前片衣身造型，再在驳头上方配出翻领，初步形成领子的造型效果，在立体状态下，调整衣身整体与领子局部造型的大小、位置以及

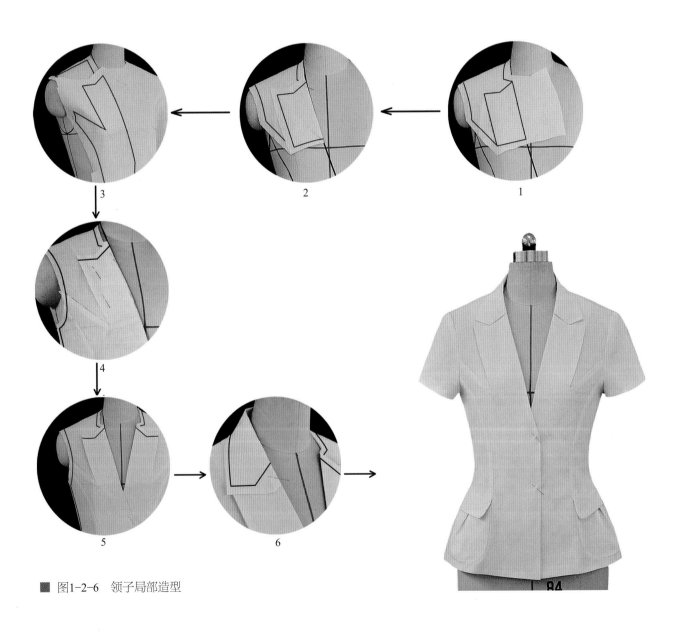

■ 图1-2-6　领子局部造型

比例,使结构线与造型线的设计,自然美观,与设计构思尽量吻合,呈现领子局部造型最终的视觉效果。

二、主体结构的创意造型

具有创意的设计思维,最终需要通过立体的形式对设计图进行二次创作与表现。当最初的设计方案确定后,需要选择适合的设计方法与过程,准确地表达出设计主体的造型特点与结构逻辑,发现设计的各种不足。比如由于前期设计的不严谨,造成款式与人体结构矛盾,降低设计的可穿性,或者设计图未能完全表达出面料的特性,使面料与款式设计不符,或者设计图注重创意外观而忽略了在实际版型设计或缝制过程中的合理性等。

服装主体结构的创意设计中,设计方案随着服装的进行具体表现形式,会经历不断完善与修改的过程。设计中相对简单的部分可以运用平面制版方法,或以立体空间的思维模式,对特定的基础样板进行平面化的结构处理。如果是相对复杂的立体的造型,则可通过立体裁剪的方式进行快速的设计,在保证效果的基础上,再将立体造型后的裁片,结合平面结构处理的方式进行二次设计与整理,以对某些看似复杂的结构进行简化。

1. 合体结构的创意造型

合体结构的服装主体,首先要根据人体体型的特点进行造型设计与结构变化,规格设计要符合合体服装的特点,满足服装静态与动态的功能性与审美需求,根据外形特征,将服装与人体之间的不同空间进行合理的分配与设计。其次,通过某些造型设计手法对主体结构进行创意与发挥,根据特定的设计想法或主题,调整整体与局部、局部与局部之间的关系,强调服装造型的立体感与秩序感,具有极强的形式美,充分反映出西方传统服装的审美理念。

如图1-2-7,设计一款合体结构的时尚连衣裙。

裙身前片的胸腰部位,以斜线造型的立体穿插构成形式,成为款式的设计焦点。裙身前片为对称

结构,左右前片的圆领领线居中向下延展交叠,形成"V"字领口造型,前片胸腰省道按照整体交叉造型的方向进行布局设计,中部的侧片呈"V"字形,向另一侧斜向设计,在前中腰部形成相互重叠穿插的结构形式,裙身下部在插片的交叉点处,设计一个"V"形对褶,加大下摆量,强化廓形。裙身主体通过上、中、下三个分体结构,以断缝拼接的方式连接为一个完整的整体。在立体造型状态下,调整整体与局部的形态与比例关系,使整体造型的视觉中心集中,主次分明,层次丰富。

2. 宽松结构的创意造型

宽松结构的服装造型,通过不同部位的松量设计,在布料与人体之间设置特定的内部空间,使服装主体的整体外貌,形成与人体胸、腰、臀的体型特征不完全相似的外部廓形。相对于合体服装较易展现人体的优美体态,宽松服装则不以塑造人体美为唯一目的,打破常规的审美取向,设计的重点是通过不同的造型设计手段,将不同的设计灵感通过多样化的服装风格呈现出来。宽松服装更加注重通过对设计的造型、面料、结构与工艺的创新,来深化设计理念与主题。

在设计的过程中,造型设计与结构设计相互作用且密不可分,宽松服装的结构创新通常可以理解为风格创新的内容之一。现代主流的服装风格可以归纳为结构主义与解构主义两种,前者以人体为基础,代表了西方传统的审美理念,设计手法工整有序,后者则是以东方或现代服装审美理念为基础,逐步发展成熟的一种风格,以非常规或非传统的结构形式表达出个性化的造型特征,因此在造型与结构表达手法上更加自由,结构线的设计可以打破传统意义上服装与人体曲面特定对应关系,设计过程具有趣味性与挑战性。

如图1-2-8,设计一款半宽松的直身裙。

以立体构成的思维方式,通过对基础样板进行平面的结构变化,完成将服装主体的特定部位,由二维的平面形态转化为三维立体形态的创意设计。根

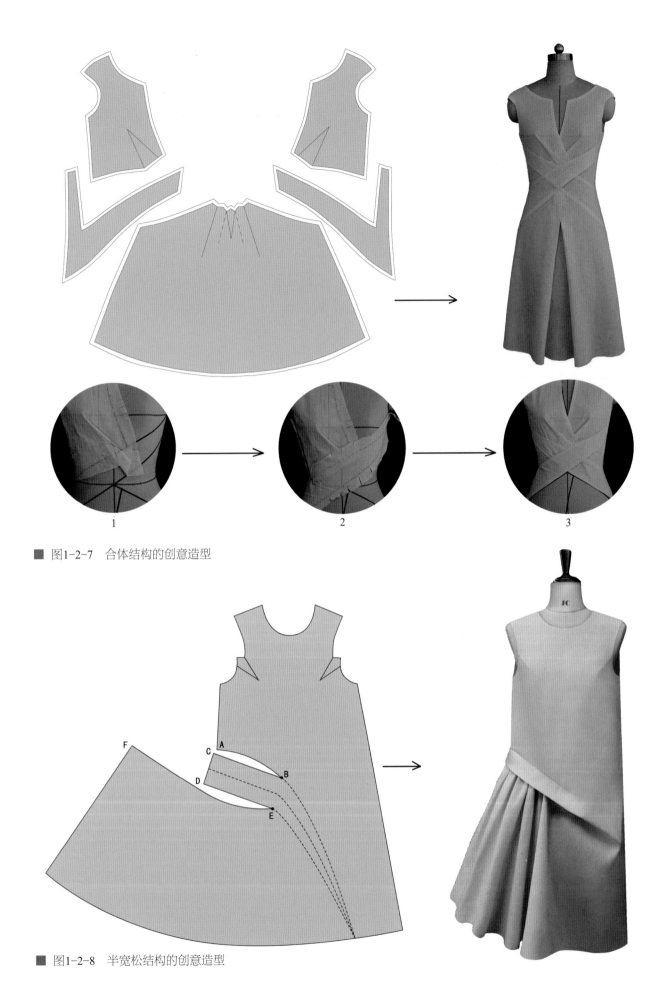

■ 图1-2-7　合体结构的创意造型

■ 图1-2-8　半宽松结构的创意造型

据设计的需要,首先按照款式的基本造型与规格设计,形成一套裙身的基础样板,然后在基础样板上设计出一条曲线,作为结构变化的基础参考线。从 B 点向裙摆方向,设计出一个与参考曲线方向一致,可以向内对折的长方形 BCDE,使对折线与 AB 相等,依据弧度大小决定下摆大小,弧线长度决定内层接缝线缩褶量的原理,从 E 点向侧缝的斜上方设计一条弧线,加大下摆完整地设计出侧摆结构。由于裙身主体结构为整片设计,设计的核心造型使其一侧通过自身对折并向上提拉,另一侧裙摆随之向中间弯曲变形而影响了整体廓形,因此,需要在侧缝处加大另一侧的摆量,使裙子的主体结构保持左右平衡。

如图 1-2-9,设计一款主体结构以直线构成为主要特点的宽松上衣。

这款设计从外在特征或设计结果上看,结构逻辑似复杂难懂,其实设计过程却是非常简单而有趣的。通常根据布料风格确定设计的基本方向后,进行初步的创意构思,不过这个时候无论是造型形象或技术手段的设想,可能都是相对模糊且不够成熟的,设计师通过实际操作,在"动手"中进行大胆的尝试,经过反复的实验,设计思路才逐渐清晰明朗,整个设计过程往往是比较自由而随性的。

上衣的设计过程分为四步。第一步,取一块足够大的面料,将之随意修剪为一个不规则的以直线为主要特征的平面几何形。第二步,在几何形边线的任意位置剪开一个切口,这个切口线可以自由设计。第三步,再取一块面料,可以是同一种面料,也可以选择不同颜色或特性的另一种面料。当然,这

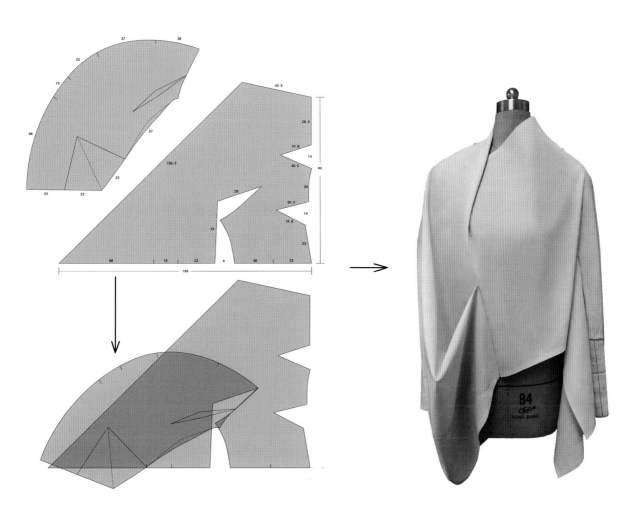

■ 图1-2-9　整体结构的直线式构成

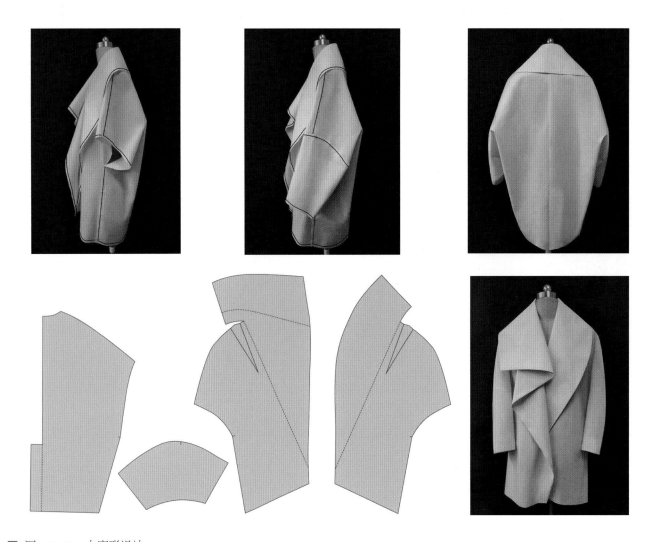

■ 图1-2-10　大廓形设计

个选择会很大程度上使之后的设计效果产生很大差异。将这块面料随意地修剪为不规则的几何形。第四步,在两块面料的任意位置各确定一个点,作为缝合的对位点,将它们进行边线缝合。在缝合的过程中,由于对应边线的长度不同,我们可以采取褶裥、省道、穿插、折叠或者二次切割等手法,使面料的造型更加合理美观。两块面料的缝合边线的形态特征也会不同,缝合后会相互作用,产生拉力,从而改变面料二维平面的特征,形成更加立体的空间关系。在这个设计操作的过程中,可能会产生各种不同变化的立体形态,我们在多个设计方案中,选择相对满意的造型结果。最后,在设计造型的立体状态下,做好完整的结构标记,将布料从人台上分别取下,对每个裁片的结构线与相互对应的数据进行反复确认与

梳理,理清其结构关系,将所有造型与技术问题控制在科学合理的范围内,并准确地整理出上衣款式的最终纸样。

如图1-2-10,设计一款实用舒适的大廓形宽松外套。

款式为对称的四开身主体结构。通过肩线与后领的角度设计,布料在缝合时,相互产生力的作用,使领侧点向下集中增量,形成一侧大波浪的宽大翻领造型,并与前片构成连裁设计;领省结构隐藏在不对称的翻领之下,连袖设计弱化了肩部宽度而强调舒展自然的曲线,降低袖窿开深;加大后宽围度,增长后袖窿长度,增加了后背造型的厚度与活动量;收小后摆与隐形开衩设计,使款式的整体造型简洁自然,线条柔和流畅。

模块二　命题设计

服装设计离不开面料、造型与色彩三大要素。

面料是服装设计的必要载体与前提条件，有的材质挺括有力、有的材质柔软垂坠……不同特征与风格的材质，不仅表达出各自特有的美感与特色，同时审美形式与完成技术也随着面料的特性不同而千差万别。

服装造型是通过具体的款式或样式，表现出的外在具体形式，通过外观形态和内部结构、装饰的变化，体现设计者的创作思想和对细节的控制。

色彩在服装设计中，是直观表达服装设计视觉冲击力的审美因素，也是体现设计者创作主题最直接的方式。一般在服装设计中，或通过某种图案形式，或以色彩的上下、内外层次等配置形式呈现出来，体现出服装最为丰富的视觉效果。

面料、造型与色彩三个设计要素相对独立，互为影响。

模块二分别从服装设计的面料、造型形式、色彩与图案四个命题方向，展开具体的设计任务。从设计草图的绘制与提炼到实物造型效果的立体呈现，从设计的具体形式到通过立裁而得出的平面结构展开图，分别从各自不同的设计命题特点展开解析，以艺术审美与技术实现的角度，进行设计思路的整理与解析。

视频3：以面料出发的
命题设计

服装面料是服装设计表达的载体。

很多时候服装面料的风格决定了服装的整体风格与造型特点，从面料开始进行设计，往往是设计效率比较高的方式，重点是款式对面料风格的适应与强化。

面料的纵向变形产生悬垂感，横向扩张产生拉伸张力。面料的纤维比重和表面张力不同，产生横向扩张和纵向变形等的表现形态也不同。

面料由于厚度、纹织结构、纤维比重、纤维粗细等差异，形成了不同的视觉效果与触觉效果，外在特征与质感各不相同。丝绸、纱类、绡类面料轻薄透明、华丽飘逸，呢料、毛料、绒料则高雅柔和、保暖厚重。

面料的视觉效果有透明与不透明、挺括与柔顺、反光与吸光、厚重与轻薄等。

面料的触觉效果或手感有柔软度、硬挺感、光滑感、涩滞感、褶皱感、毛感、绒感等。

设计之前，我们首先可以将面料附着于人台之上，通过观察或触摸，感受和研究面料自身呈现出来的风格，经过一些简单随意的造型，想象面料通过何种造型手段才能达到理想效果，将款式与面料的特征完美结合。

可以合理利用面料的厚薄、质地、手感、透明度、拉伸性等属性与特征，结合一些如破坏、拼贴、涂鸦、制造肌理等实验性的手段，尝试改变它们的外观。当然，如塑料、PU、纸张、金属等非常规的材料也可以利用起来。

不同质地、厚度的面料，在表现结构线类同的服装样式时会产生不同的造型效果，表达出不一样的视觉语言。选择面料以及发掘面料带来的灵感，在创意立裁中，依据对面料的不同感受，需要尝试使用多种手法来构造相应的造型。针对不同材质与造型，选择适当的面料。

立裁的创意过程就是依据面料的厚度、挺度、重度、悬垂、弯曲、拉伸、弹性等物理特征与展现出来的特定风格，用相应的造型方法与工艺技术手段，将艺术性与技术性在服装设计中交互融合，引导设计者探索服装造型设计的多种可塑性。

以面料出发的命题设计见视频3。

一、光泽型面料

光泽型面料表面光滑，能反射出亮光。

如图2-1-1，丝绸、锦缎、仿真丝、天鹅绒等面料，光泽柔和、华美、富丽。

如图2-1-2，利用折叠、层次等局部设计与立

■ 图2-1-1 光泽柔和、华美、富丽的面料

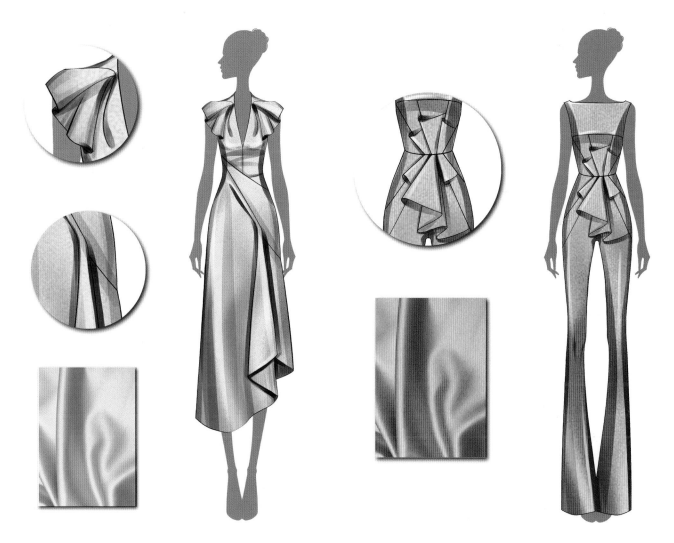

■ 图2-1-2 缎面面料的设计应用

体多变的下摆造型,体现面料华丽的质感。

如图 2-1-3, PVC、带有闪光效果的涂层或漆皮等面料,质感硬朗、挺括、光泽强烈,给人以刺激性的冰冷感,带有一定的未来感、科技感。

如图 2-1-4,通过折叠、切割构成等造型手段,展现 PVC 面料良好的塑型效果。

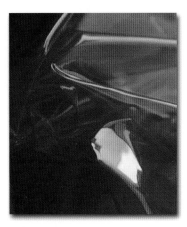

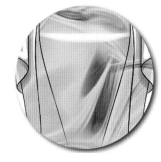

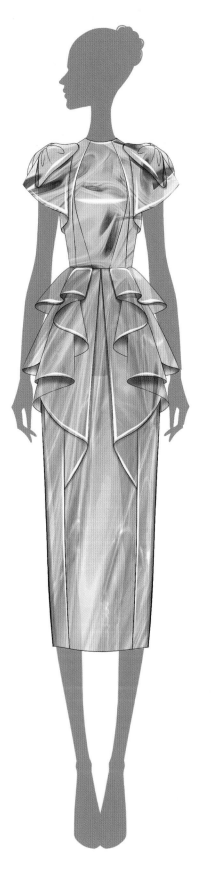

■ 图2-1-3 硬朗、挺括、光泽强烈的面料　■ 图2-1-4　PVC面料的设计应用

二、哑光型面料

如图 2-1-5,绉纱、苏格兰毛呢、薄呢、法兰绒等哑光型面料相比光泽面料,表面凹凸不平,光线反射紊乱,具有较好的塑型性,给人以稳重、高雅、严谨的感觉。

如图 2-1-6,可以利用合体结构或较大廓形的造型,来体现毛呢面料的特点与风格。

■ 图2-1-5 表面凹凸不平、反射光紊乱的哑光型 面料

■ 图2-1-6 毛呢面料的设计应用

三、薄透型面料

薄透型面料分为柔软飘逸型和轻薄硬挺型两种。

如图 2-1-7,纱罗织物、烂花织物、乔其纱、雪纺、蕾丝以及各种网面织物,面料质感薄而通透。

如图 2-1-8,在设计上利用多种材料的重叠,可以营造出层次、隐约等优美的朦胧效果。

■ 图2-1-7　薄透型面料

■ 图2-1-8　薄纱面料的设计应用

四、体量型面料

如图 2-1-9，羊绒类面料、制服呢、羊毛法兰绒、大衣呢、天鹅绒、填充面料、动物皮毛、人造毛织物等面料挺括，手感厚重，有良好的保暖性，给人结实温暖的心理感受。

如图 2-1-10，设计具有体量感的造型，适合表现皮革面料的特点。

如图 2-1-11，设计具有扩张感的造型，适于表现填充面料的特点。

■ 图2-1-9 挺括、手感厚重、有良好保暖性面料

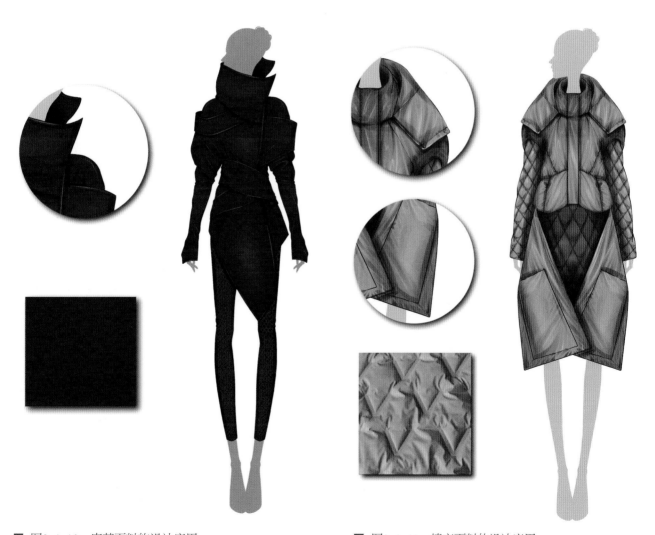

■ 图2-1-10 皮革面料的设计应用

■ 图2-1-11 填充面料的设计应用

五、伸缩型面料

如图 2-1-12，伸缩型面料是以针织类为主的材料，包括机织和手工编织面料。这类面料穿着适体、舒适与自然，具有较强的拉伸性，有些还具有较强的悬垂感。

如图 2-1-13，伸缩型面料在款式的表现上，可以利用面料的弹性柔软的质感与张力，塑造出丰富多变的造型风格。

■ 图2-1-12　具有较强拉伸性的面料

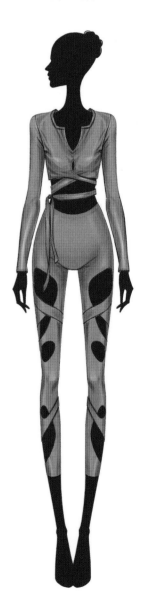

■ 图2-1-13　针织面料的应用

视频4：以造型形式出
发的命题设计

我们通过服装这种特殊的形式去表达某种设计主题或概念的时候，通常是对形、色、质综合把控，最终以可视化的服装立体造型呈现出来。从构成形式来看，我们可以理解为，所有立体的服装造型结果都是由若干不同形态的裁片通过特定的方式组合而成。

如果将造型结果再次分解为单一的裁片或纸样，通过二维的平面状态去观察研究，我们可以将所有分解展开的平面裁片或纸样看成是复杂的平面几何形。如果从构成形式上，将特定的款型与分解的几何形裁片进行整理分类，可以分为常规款型和非常规款型两种类型。

常规款型，结构处理与裁剪方式大多具有相对完整的理论和实践基础，在其基础上进行二次设计，可以创作出全新的服装样式，但这种结构设计上的创新，通常可以遵循一定的规律。如图2-2-1，这类款型可以通过特定的结构线设计，以人体的体型为基础，按照特定的设计要求，表达出设计者对作品的理解。

以造型形式出发的命题设计见视频4。

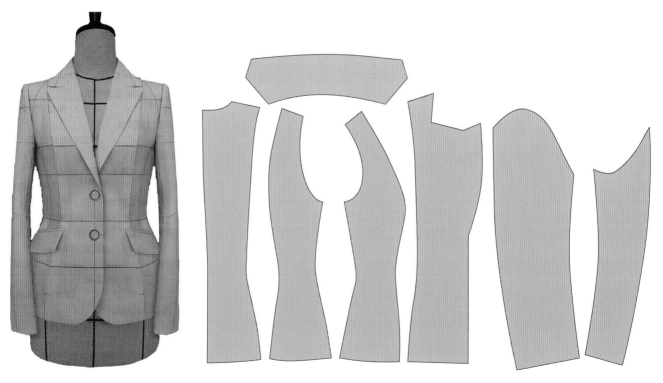

■ 图2-2-1 常规款型的平面结构展开图

非常规款型的结构处理与裁剪方式没有特定的变化规律,往往根据布料的特点或想要表达的主题采用折叠、切割、穿插等方式,通过特定的受力点,将布料在人体上进行增量或减量的反复实验与调整,形成与传统纸样完全不同的结构形式。如图2-2-2,这类款型可以通过曲线裁剪、直线裁剪、变异与解构的结构形式进行表达。

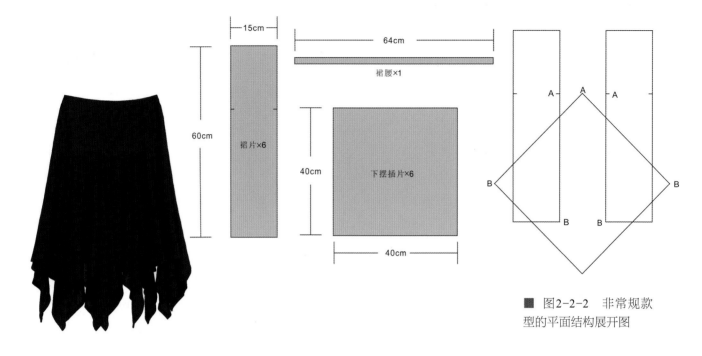

■ 图2-2-2 非常规款型的平面结构展开图

一、结构线与装饰

我们以合体类女装款式设计为例,首先对服装结构线形成的原理进行分析。

如图2-2-3,女性外形是由多重曲面自然连接而成的对称复杂形态,如果我们用面料将这复杂的人体曲面围裹,以凸起部位为中心,面料周围将会产生较多的余量。消除这些余量,使人体与服装保持相对平衡,

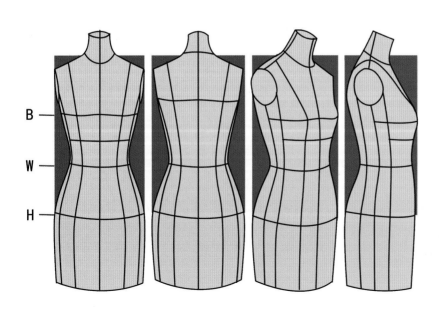

■ 图2-2-3 女性体表曲面结构形态图

最简单直接的方式就是利用省道的构成形式,按照人体凹凸曲面变化,将面料处理平整,塑造出以人体曲面为基础的立体形态。设计实践中,通常以省道的变化为立体造型的基础,或结合褶、皱以及结构分割线等多种构成形式对服装的立体造型进行设计。这种结构处理的方式,不仅完成了服装结构与人体曲面的合理匹配,其外在的形式也形成了极具趣味性与主题性的装饰效果。我们理解了这些设计原理与造型技巧,便可以在款式设计中不断变化出新的内容。

如图2-2-4,以曲线分割的结构形式为命题,设计一款修身合体女外套。衣身前片以一条自上而下的长曲线分割进行结构设计,连接领口、胸凸、腰部、腹部,最后平滑自然地指向侧缝线。

如图2-2-5,这款女外套成品,版型修身合体,外形线与结构线设计流畅自然,巧妙地利用分割线,将服装版型与人体曲面自然贴合,黑色作为主色调,运用半透明雪纺膨体袖、金属银齿拉链与大面积羊毛呢的衣身形成质感的对比,含蓄内敛。

如图2-2-6,肩部对称的直线几何形的拼接设计,通过形式、质感与色彩的差异化,强调了肩领处的造型感,同时形成设计上的焦点,结合肩线、衣片分割共同塑造出的连身领造型,形式表达上构成直与曲、长与短、硬与软、明与暗、小与大、刚与柔的对比。

■ 图2-2-4 设计图

■ 图2-2-5 成品图

■ 图2-2-6 细节图

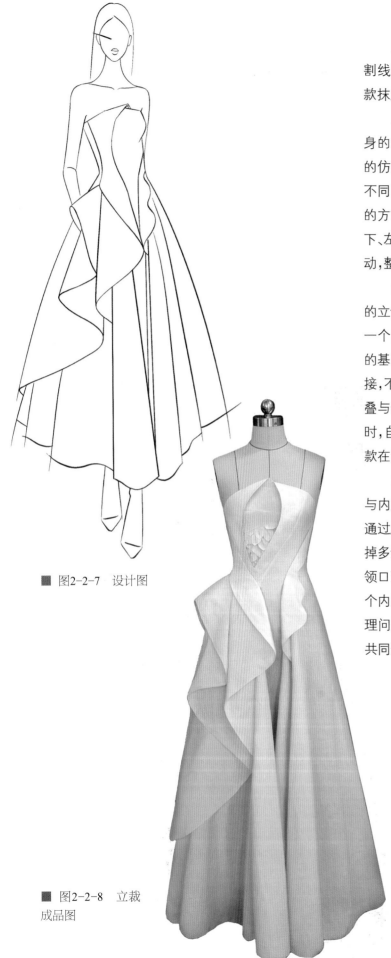

如图 2-2-7，"鱼"为设计主题，将衣身结构分割线与裙摆造型进行连接式处理作为命题，设计一款抹胸晚礼服。

上半身通过不对称的分割线设计，形成合体修身的外形，正面以内外层次的空间的连接，完成鱼身的仿生造型，分割线延伸至裙摆，不对称的裙片大小不同，却彼此关联，S 形的曲线边缘线以充满节奏感的方式衔接裙身上下，并层层变化、内外翻转，形成上下、左右的对比与平衡，裙摆似鱼尾自由摇摆，大气灵动，整体设计巧妙自然，生动有趣。

如图 2-2-8，通过立体裁剪完成了这款礼服裙的立体造型。前胸设计为镂空造型，镂空外形线形成一个鱼身的轮廓，内层胸部横向分割，形成紧身胸衣的基本形式，外层通过领口线与内层进行结构上的连接，不对称的结构线设计，左右交错构成，形成上下折叠与通透的效果，在完美展现女性曼妙身体曲线的同时，自由浪漫的流线设计呈现出多变的形式美感，该款在设计形式与技术处理上达到完美契合。

如图 2-2-9，此款前胸细节是设计的亮点。外层与内层之间形成一个镂空设计，外层不对称的分割线通过胸、腰曲面凹凸关键点，按照人体胸腰曲面形态收掉多余布料，形成一个修身的合体外形，镂空边缘线从领口到腰部，自上而下地自然斜向相交，与内层构成一个内空间，内层的分割线设计，既解决了胸衣的结构处理问题，又与领口形态、内层下侧的鳞片、外层边缘线共同形成了鱼身的仿生设计，装饰感极强。

■ 图2-2-7　设计图

■ 图2-2-8　立裁成品图

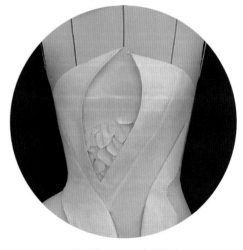

■ 图2-2-9　细节图

■ 图2-2-10 设计图

如图 2-2-10，"花" 为设计主题，以左侧腰部作为中心点进行发散式结构线设计，设计一款礼服裙。

裙身左侧从袖窿开始沿着胸、腰到裙摆，设计一条纵向分割线，左前片与身体贴合，右侧集中在分割线的腰部上下进行发散式合体结构设计，通过右肩线、右胸凸的曲线分割，将胸部的省量收掉，通过右侧腹部的斜向分割连接裙摆，收掉腹省量的同时增加下摆量，指向右侧缝方向的省道展现出腰部曲线。从左肩开始，沿着纵向分割线设计一条装饰带，腰部以上与裙身固定，腰部以下向内层进行折叠设计，逐渐增加宽度与厚度，最后突然减量，向左腰部进行旋转折叠，集中收拢，形成花朵造型的视觉中心，强化设计主题。

如图 2-2-11，通过立体裁剪完成了这款礼服裙的立体造型。右侧结构线的设计与造型处理，形成合体裙身和大裙摆的造型，左侧装饰性极强的折叠波浪大荷叶边最终向左腰部位集中，形成设计焦点，不对称的斜线领口与左短右长的裙摆造型设计，既与内部造型手法保持形式上的统一，又平衡了裙身左右的重量感，花瓣袖造型与主题呼应协调，整体设计主题突出，线条流畅自然。

如图 2-2-12，从上到下、再向中间集中，从简单的褶裥设计到向裙摆垂坠的折叠增量，从按照结构线条的设计轨迹到集中一点旋转堆积造型，左侧腰部细节设计形成强烈的趣味性与装饰感。

■ 图2-2-11 立裁成品图

■ 图2-2-12 细节图

■ 图2-2-13 设计图

二、曲线裁剪表达

如果我们不刻意强调服装与人体在传统意义上的结构构成关系,如四开身或三开身的衣身结构关系、袖窿构成的结构关系以及袖窿与袖山的结构关系、衣身围度设计与人体曲面的结构关系等,只将人体肩部(上装或连体装)或腰部(下装)作为支撑面,让布料风格与特性成为我们前期设计想法的主导,尝试利用剪切、穿插或错位组合等手法,将布料进行简单的处理与重组,在外观造型与内部结构上符合我们的审美与设计理念,同时在满足可穿性的基础上,努力寻求布料与人体可能产生的各种关联,这时候,我们会发现许多意想不到的设计可能性。

平面几何形分为两类:一类是以曲线变化构成的几何形,如圆形、椭圆形或不规则封闭曲线形等;一类是以直线变化构成的几何形,如三角形、四边形与各种不规则多边形等。

我们在进行造型设计时,将设定裁剪好的曲线平面几何形布料置于人体之上,通过一些简单的造型手法,形成某种特定的服装造型,或直接将布料披挂在人体上,根据造型需要,裁剪而取得曲线平面几何形的结果。这种以曲线裁剪变化为主要设计特点得到的平面结构展开图和以此为主要的线性特征的设计表达方式,称之为曲线裁剪表达。

如图2-2-13,以曲线裁剪为造型命题,设计一款宽松女式上装。

衣身主体为一片式结构,与人体之间形成半圆内空间,前短后长,下摆与袖口在衣身下垂边缘曲线上设计开口而成,将衣身主体的中心部位,依据人体胸与背部上切面位置进行曲线分割,再完成补量设计,分别与人体前胸与后背贴合,并在分割线上固定驳领装饰造型,半开合门襟设计方便穿脱,飘带立领形成视觉中心。

如图 2-2-14，我们从款式设计的造型特点与裁剪形式上进行分析，如果我们希望人体着装状态是手臂伸展打开时袖口牵动下摆，整个下摆线形成半圆形，我们基本可以确定，衣身主体的平面展开裁片外形线是一个椭圆形，这时候，首先设计出这个椭圆的长度与宽度，即可确定主体结构的样貌，长度即为前衣长与后衣长之和，宽度为手臂打开时，肩宽与袖长之和，然后按照衣片前短后长的造型，确定基础领口，以此为基础，在人体上设定好前后需要分割的位置，在这个椭圆的中间挖空、补量，形成一条封闭的曲线分割线，接下来根据领子的造型特点，在衣身上设计出相应的结构，最后，留出袖口与下摆位置，将这个大椭圆形外形线位于衣身两侧的线段缝合，这是这款宽松女上衣造型设计的基本思路。

如图 2-2-15，该款式选用的面料具有轻薄悬垂的特点，因此服装肩部前后的胸、背上坡面与人体自然贴合，肩点成为布料的支撑点，形成向肩点集中的自然褶，袖口以下缝合的长弧线，增大了服装的活动量，同时衣身主体设计构成上形成半封闭立体空间，穿着自由舒适，增强了造型设计的形式感。

■ 图2-2-14 成品正面展开图　　　　　　■ 图2-2-15 成品侧面图

如 图 2-2-16，将立裁结果分解为平面结构展开图进行观察与分析，以人体结构与款式设计为前提，设定基础数据与裁片基本特征，主体结构与局部造型左右对称，平面结构展开的裁片或纸样呈现出的几何形均以曲线为主要特征。

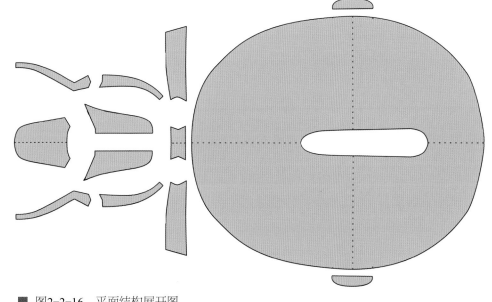

■ 图2-2-16 平面结构展开图

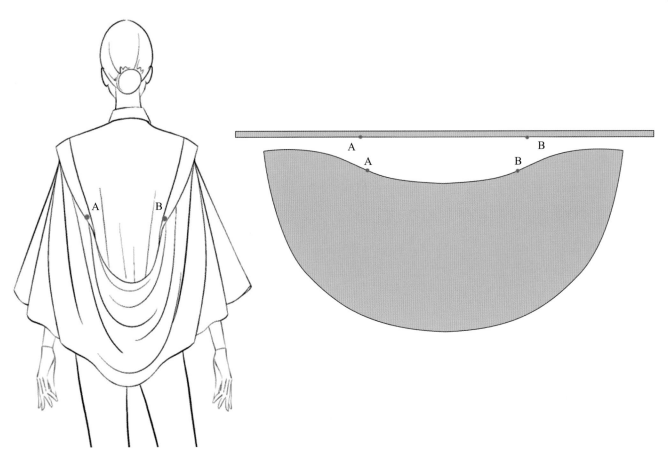

■ 图2-2-17　设计图

如图 2-2-17，在一款女式无袖上衣上，设计出可拆卸的一片式垂荡袖。

首先在无袖上衣的前后腋点之间的袖窿上方边缘设计出约 3cm 宽的搭片，并定出扣眼位置，以便于与垂荡袖进行固定，测量后背 A、B 点之间的直线距离，在 A、B 点之间设计出一条下垂弧线，并确定其长度，根据设计好的袖长、后中垂荡长度以及搭片长度等数据，画出对称结构的平面曲线几何形，在这个几何形中间定出 A、B 点，与事先

设计好的下垂弧线相等，再确定两端长度（搭片长度 + 前侧袖底下垂量），用纽扣与搭片扣眼进行连接固定。

如图 2-2-18，选用轻薄悬垂的仿真丝面料，衣身为三开身主体结构，前侧断缝处圆摆开衩设计，腰侧绳带调节腰部松量，一片式垂荡袖利用纽扣与袖窿装饰搭片连接扣合，后腰弧线垂荡动感飘逸，使服装中段以下与服装主体呈半包裹围合状态，设计为可脱卸结构，增加了穿法的多样性，使设计灵动多变。

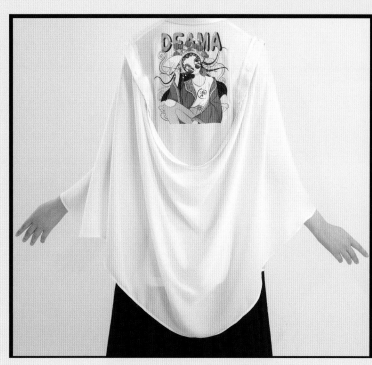

■ 图2-2-18　成品图

三、直线裁剪表达

　　服装造型设计不拘泥于对人体曲面的刻画，要根据布料的特点与设计要素的构成关系，以人体为基础进行概括式的直线设计整体与局部的结构关系，通过对布料的切分与组合设计及不同裁片巧妙的联系，呈现出丰富的内外空间关系。直线裁剪表达款式造型的设计过程以直线裁剪变化为主要设计特点，得到的平面结构展开图也以直线为主要的线性特征。

如图2-2-19，以直线裁剪为表达方式进行造型命题，设计一款宽松立领女外套。

设计过程可以通过绘制草图与立裁操作同时进行，逐步对设计结果进行深化与调整。领省设计使前胸以下的布料垂直平服，衣片向后领口方向延伸，形成连身立领结构，落肩夹角结构通过领侧点指向肩点的省道解决，肩部自然贴合，同时使前后衣身结构形成无断缝结构的完整裁片，且前中线与后中线形成90°垂直夹角，即衣片裁剪分别以布料的经纱与纬纱方向对齐，衣片后腰部位设计横向分割线，使主体结构的后背形成上下关系，后下片下摆进行加量设计，同时向腋下补量延伸，形成一片式腋下插片结构，增加衣袖的活动性，与前身侧缝连接时，参照前片下摆的倾斜角度，调整后片下摆线形态，形成前短后长、中间短两侧长的下摆造型，款式设计线条流畅，简洁大气。

如图2-2-20，这款宽松女外套，比较注重空间与内部比例的设计。

我们从不同角度去观察与分析，服装通过围度与长度的设计，以及下摆边线的长短角度变化，形成服装多变的三维空间。与衣身主体结构自然连接的连身立领、连身袖，分别与脖颈、胸部、手臂、躯干等结构相关联，下摆按照设定位置与方向的加量设计、腋下的插角补量设计，使服装与人体之间形成特定的内部空间。内外空间的构成各自独立，相互影响，既满足了造型的审美需求，又适应人体的活动功能。款式设计在上下、左右、前后关系上，通过整体与局部，局部与局部之间形成不同的比例关系，在结构形式上形成视觉主导，呈现出极简而细腻的设计风格。

如图2-2-21，将立裁成品进行结构分解，形成平面结构展开图，总结出三个特征：一是纸样设计将款式结构进行直线概括，呈现出以直线构成为主要特征的平面几何形。二是主体与相对独立的局部通过省道结构处理，进行合理连接与合并，衣身、领、袖成为完整的一片式结构，门襟与后中形成垂直夹角，裁剪操作中分别对应经纬纱向，使裁片在平面构成上更单纯、更科学，在简化结构的同时，又保证了服装的成型效果。三是通过省道形成与人体适应的空间关系，加上相邻结构的连接切线夹角的变化，营造出多变的立体空间。

■ 图2-2-19 设计图

■ 图2-2-20　立裁成品图

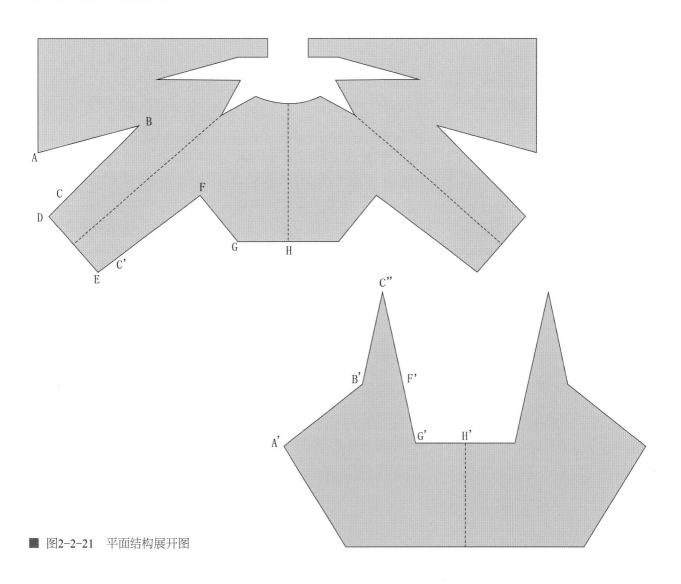

■ 图2-2-21　平面结构展开图

四、变异与解构

变异，即"在常规结构中寻找各种变化与创新的可能"，原型的样貌或结构可以作为设计的灵感与源头，设计结果是对原型的另类解读与创新。

解构，即"分解与重构"，是对结构的破坏与重组，是对原有服装结构形式的大胆挑战，是后结构主义提出的一个概念，源于20世纪70年代年轻人自我意识的觉醒与叛逆，寻求超前或古怪表达形式的反时装运动。20世纪80年代，随着一批日本设计师对国际服装的巨大影响，"解构主义"成为一种时尚风格。

变异与解构，是一种相对强调个性化设计理念的设计方法，是将传统或常规结构形式的某些特征放大或变形，或将多种常规结构的特征融合加工后进行重组与创新，成为一种全新的设计结果，似曾相识却又耳目一新。

如图2-2-22，以款型的结构变异为造型命题，设计一套春夏女装，分别为上衣与单裙的搭配单品。

以经典衬衫为设计原型，保留衬衫领与门襟的基本结构与外观形式，通过变形、位移、剪切、加量等手法，进行创意变形设计。该款式为不对称结构，领口向下斜开门襟，与前片"T"形省道相接，右侧翻领，左侧立领，右侧收腰合体，左侧与身体呈离合状态，长线开口按照衬衫门襟工艺装饰边缘，腰部一粒纽扣左右扣合，上下各自形成深开袖窿与开衩结构，右侧腰线上下分割，下摆加量形成大摆波浪造型。裙身下摆线设计为不规则封闭曲线，将一侧裙摆按照设定的线条向上提起固定，形成向内聚拢的自然垂直褶裥。

如图2-2-23，按照设计草图，在人台上进行立裁造型，逐步完善与调整设计细节。外形线设计要通过长短、大小、松紧的变化，控制上下、左右、前后的平衡关系，要注意整体与局部以及局部之间的比例关系，在立体造型的过程中，需要考虑相邻裁片之间的组合关系，使之具有结构与工艺处理的合理性。

如图2-2-24，上衣左侧长线开口边缘采用衬衫门襟工艺，前后分别钉扣、锁眼，侧腰处前后纽扣连接，衣身主体与人体之间形成基本适穿结构的对应状态，上衣使用植物吊染技法，使上衣下摆呈现出渐变过渡的色彩效果。不规则裙摆线与局部结构细节设计，使裙身结构与上衣形成设计形式上的统一感。

如图2-2-25、图2-2-26，将上衣与单裙进行结构分解，形成平面结构展开图，按照裁片之间的结构组合关系，修顺纸样的边缘线，使相邻纸样的对应缝合线条长短相等，确定相应的缝合对位点，做好规范的结构标记。

■ 图2-2-22 设计图

■ 图2-2-23 立裁成品图

■ 图2-2-24 成品图

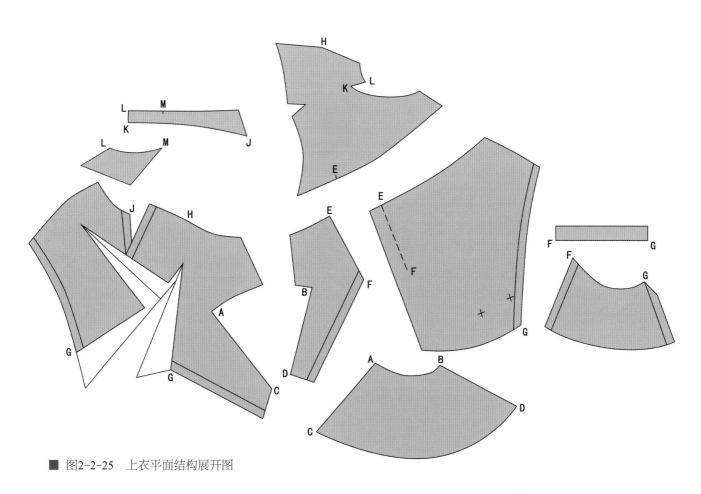

■ 图2-2-25 上衣平面结构展开图

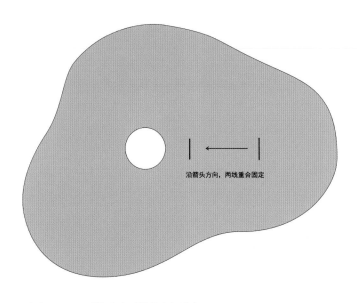

沿箭头方向，两线重合固定

■ 图2-2-26 单裙平面结构展开图

如图 2-2-27，以基础版型为原型，进行变形与解构，设计一款女式衬衫。

款式设计的创意重点在衣身的主体部分，将前后衣片主体的基础版型看做一个单纯的几何形，保留衣领、袖窿等衣身结构的基本特性，对其进行平面的位置变换与构成设计，将原有结构线破坏与重构，形成新的平面几何结构，从而获得创意的立体空间形态。

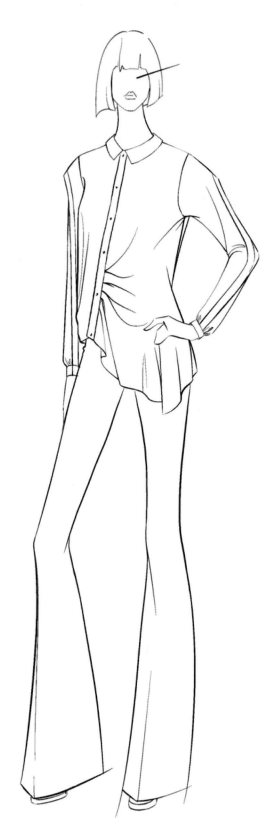

■ 图2-2-27 设计图

如图 2-2-28,采用轻薄柔软、悬垂度较好的缎面真丝面料制作。将左侧的前后片基础版型进行直角角度位移与结合,形成一个完整的裁片,后片下摆线与前片门襟线自然连接,消失的前下摆量使下摆变短而向上提拉,门襟线随着提拉的力量而向侧摆方向倾斜。由于前后中线形成 90° 夹角,使得衣片前后在裁剪上分别形成了布料经纬纱向的纵横排布,而袖窿底部则形成 45° 斜纱,随着向上提拉的下摆,形成自然柔和的垂浪弧线,右侧前衣片在门襟处设计褶裥,同时对下摆进行补量,修顺下摆线,左右形成不对称的下摆造型。

如图 2-2-29,对平面结构展开图进行分析,在衣片主体结构的基础样板上,重新解构与组合,将后片下摆与前片门襟进行连接设计,使纸样的外形线发生变化,在一片袖的基础样板上,合并袖缝线,将袖体中间进行斜线分割,左右补量,形成开衩工艺。

■ 图2-2-28 成品图

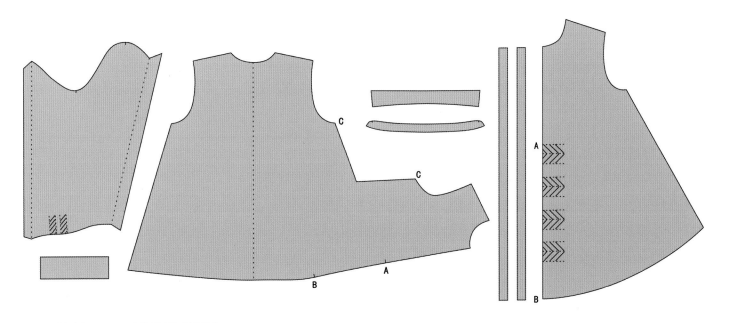

■ 图2-2-29 平面结构展开图

任务三
以色彩出发的命题设计

视频5：以色彩出发的命题设计

在进行服装色彩设计的时候，要考虑上衣和下装、内衣与外衣之间色彩搭配的互相协调，使设计出来的系列服装整体搭配和谐美观。

服装色彩组合的效果，取决于对色彩的三属性，即色相、明度和纯度的控制，并且需要符合配色规律，才能达到和谐悦目的审美效果，体现出设计意图和视觉张力。

以色彩出发的设计通常有两种配色方法，一种是根据色彩原理进行配色，另一种是从灵感启发中获得配色方案。

一、根据色彩原理进行配色

1. 明度对比配色

明度对比是色彩构成的最重要的因素，色彩的层次与空间关系主要依靠色彩的明度对比来表现。明度之间的差别不同，对比的效果也不一样。通常把明度分为高明度、中明度和低明度三个等级。明度对比强的色彩搭配是用高明度色彩配低明度色彩，这样的色彩搭配视觉特点强硬、清晰、醒目、锐利。明度对比较强的色彩搭配是用高明度色彩配中明度色彩或者用中明度色彩配低明度色彩，这样的色彩搭配视觉舒适、光感适中、平静而略显生气。明度对比弱的色彩搭配是用高明度色彩配高明度色彩、用中明度色彩配中明度色彩或用低明度色彩配低明度色彩，这样的色彩搭配容易产生模糊、梦幻、含蓄、晦暗的视觉感受。

如图 2-3-1，是利用色彩配置形成大小不同的比例关系，通过色彩的明度对比，形成强烈的设计焦点。其中，大面积采用了高明度的鹅黄色作为服装的主色调，在腰节到臀部的区域主要使用了低明度的褐色，明度对比强烈，产生巨大的反差，营造出连衣裙的第一视觉焦点。在领子和袖子的区域使用了中明度的咖色，明度对比较强烈，营造出连衣裙的第二视觉焦点。

以色彩出发的命题设计见视频 5。

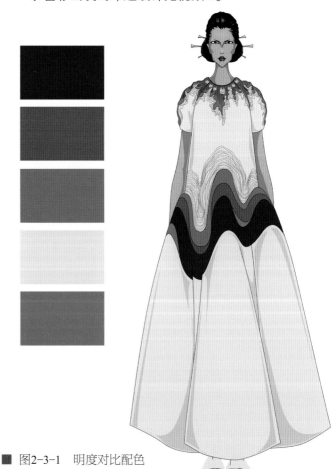

■ 图2-3-1 明度对比配色

2. 色相对比配色

色相对比较大的配色包括在色相环上相距120°左右的对比色色彩组合和色相环上相距180°左右的互补色色彩组合。这类色彩组合在一起容易产生强烈的视觉冲击力,如果处理不当,容易出现杂乱、刺目等不协调感。因此在配色时,需要运用一些手段降低色彩之间的对比度,从而达到视觉上和谐的效果。

如图2-3-2,该案例为互补色配色方案,采用的颜色有黄绿色、紫色、明黄色和白色。其中黄绿色和紫色在色相环上相距180°,为互补色,明黄色紧靠黄绿色。这些颜色放在一起容易产生强烈对比和视觉冲击,如果处理不当就会表现出幼稚、粗俗、不协调的配色效果。因此在配色上运用了以下调和手段来改善对比效果,使视觉效果和谐。

① 利用面积差,在面积上形成悬殊对比。比如服装的主色为黄绿色,占大面积,是主色。袖子为紫灰色,占小面积,是辅色。袖口的明黄色面积最小,为点缀色。黄绿色取得面积优势,削弱了互补色产生的强烈对比,达到"万绿丛中一点红"的面积调和效果。

② 改变一方或双方的明度和纯度。降低紫色和黄绿色的纯度,由此减弱对比程度。明黄色虽然纯度高,但是明度和其他两色接近且面积小,所以不会产生刺目的效果。

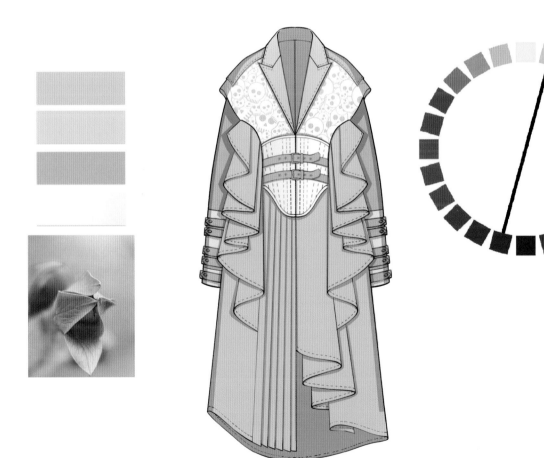

■ 图2-3-2　色相对比强烈的配色

■ 图2-3-3　色相对比中等的配色

③ 加入无彩色来调节和缓和颜色间的对立感。胸前和腰部加入白色,由于白色属于无彩色,与任何有彩色搭配都不会出现较大的视觉刺激。将白色间隔在紫色和黄绿色之间,其原有的冲突感会降低很多,极大地削弱了视觉上的刺激,从而达到调和的目的。

色相对比中等的配色是指在色相环上相距90°左右的色彩组合,这种组合又叫中差色相配色。这类色彩搭配在一起,对比效果明快,能表现出丰富的色相感。视觉刺激不过分强烈,色彩明快而富于变化,变化中又不失统一感,在视觉上能给人活泼、明朗的视觉感受。在服装配色中,实用性强,使用率高。

如图 2-3-3,该案例主要运用了两种色相,橘色和紫红色。在色相环上它们的关系为相距90°左右的中差色关系,色彩既有变化又容易产生统一感。大面积的橘色搭配小面积的玫瑰紫红色再点缀上浅粉色和浅黄色,色彩氛围温暖而明亮,生动活泼,尽显女性魅力。

色相对比较弱的配色包括同种色色彩组合、在色相环上相距30°左右的邻近色色彩组合和色相环上相距60°左右的类似色色彩组合。这类色彩组合在一起容易产生和谐的视觉感受,能保持较明显的服装色彩倾向与统一的色彩情感特征。但是如果颜色过于相近,容易让人产生平淡、模糊、无趣的印象。因此在配色时,需要通过调节明度和纯度的手段拉开颜色之间的对比度,从而达到既变化丰富又统一和谐的视觉效果。

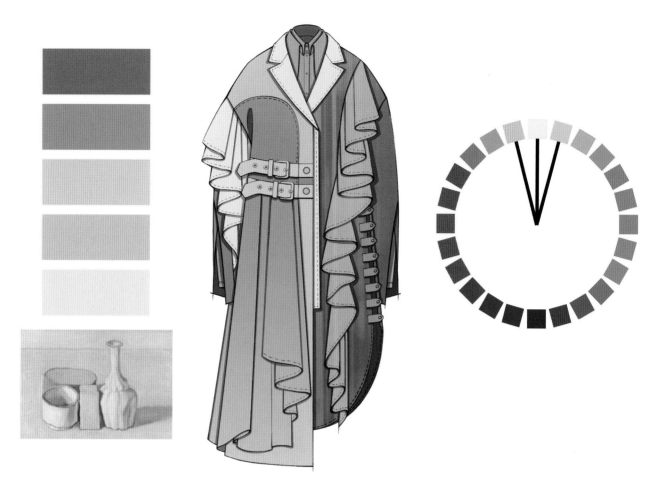

■ 图2-3-4 色相对比弱的配色

　　如图 2-3-4，该案例主要运用了三种色相，黄梅色、酪梨绿和黄橙色。在色相环上它们的关系为相距 30° 左右的邻近色关系，容易产生统一感。但是为了避免因三色过于相近而导致的服装重点结构模糊不清，在配色上从色彩的明度和纯度入手做调整，增加视觉上的层次变化。黄绿色作为主色，将它的明度降低成橄榄色，在服装中大面积出现，烘托系列设计的整体氛围。高明度的米色和、中高明度的鹅黄色、大面积低明度的橄榄色形成对比，作为点缀色出现在局部，起到强调的作用，与服装层层叠叠的结构设计相呼应，服装色彩的层次既丰富又和谐。

■ 图2-3-5 从自然中获取色彩灵感

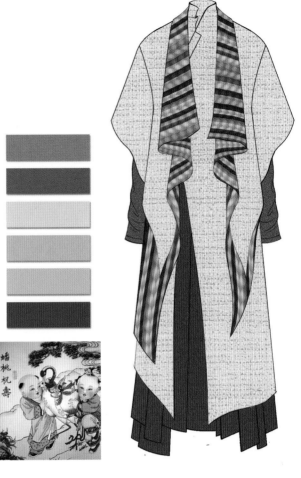

■ 图2-3-6 从传统艺术中获取色彩灵感

二、通过灵感启发获得配色方案

服装色彩的灵感是指从客观事物中发现创造新的色彩形象。灵感来源途径主要包括自然界、社会现象、传统艺术和姊妹艺术等。

美丽的大自然中蕴藏着丰富的色彩关系,为服装色彩设计提供源源不断的灵感。

如图2-3-5,设计从满山遍野的花丛中汲取色彩灵感,在旭日和风中,红花和绿草层叠蔓延,空气里的杂质会降低远处颜色的饱和度,近实远虚产生微妙的和谐感。服装的色彩设计借鉴了这种空间混合产生的朦胧意境,运用色相渐变的方式,以砖红色为起点,渐变过渡到灰绿色,产生了流动的韵律感。同时由于红色配绿色属于互补色搭配,色相对比强烈,为降低视觉的刺目感,调低了绿色的纯度,形成含蓄内敛的气质。

中华民族的文化艺术,是很好的配色灵感来源

途径。悠久的中华文明,是启迪我们色彩灵感的无穷源泉。民俗学、民族学及有关的艺术史论和艺术作品,都值得我们学习、研究和借鉴。

如图2-3-6,服装的色彩设计灵感来自中国传统民间年画。从年画中能够提取出丰富的色彩,红色、黄色、蓝色、紫色和绿色,色相涵盖了色相环中的所有色相。因此把全色相应用在服装中是一个不小的挑战。多色配色中,在相互对比的两色间插入第三色,改变其节奏,或者两个面积、明度和纯度极为相似的颜色,中间可以插入第三色进行调节。第三色通常采用白色、灰色和黑色,亦可采用金色和银色进行分割或包围。服装层叠的领子面料采用条纹图案,把全色相编织进条纹图案里。首先有意识地降低绿色、紫色和蓝色的饱和度,减少色相上的冲突。然后在排列色条时有意将米白色插入对比色中间,分割反差色,使得彩色条纹图案的色彩既丰富多彩又和谐美观。服装其余部分的颜色从条纹图案中选取,通过控制数量和面积取得繁而有序的效果。

三、根据服装风格选择配色方案

服装设计风格是指着装的整体效果及其显示出来的艺术气质和审美情调,它由服装的款式、色彩、面料、配饰等综合因素构成,能对服装的内容和形式、思想和艺术进行统一。不同的构成要素组成特定的服装类型。不同的服装风格选用的服装色彩也不尽相同。目前女装市场流行的服装风格有经典风格、优雅风格、都市风格、田园风格、休闲风格、中性风格、前卫风格、浪漫风格、运动休闲风格和未来风格等。

如图 2-3-7,是运动休闲风格配色。所谓的运动休闲风格不仅指代表着运动风格的单品,而且要能够展现出休闲感和时尚感。运动休闲风格最大的特点就是版型宽松,穿着舒适、自由,穿在身上不会产生束缚感,休闲而随意。色彩上主要采用红、绿、蓝三色搭配,同时提高颜色的明度,呈现粉红、粉蓝、粉绿的活泼氛围,提升服装运动气息的同时又不会过于个性。在有彩色中加入黑色和白色的嵌条装饰,提升活跃感的同时强调结构分割,为简单款式打造出丰富的层次感。

■ 图2-3-7 运动风格配色

如图 2-3-8,波希米亚风格的服装绚烂
多姿,是"流浪""自由"的象征,营造了一种
不同于都市文明生活的浪漫情调。常用的
设计元素有鲜艳的手工装饰、粗犷的面料、
麻制网眼织物、层叠的波浪褶裙、荷叶边、民
族风格几何纹、缎带条纹、流苏、珠串等。这
套服装色彩汲取大自然的颜色,整体采用类
似色的配色,以暖褐色调为主,用大块面的
日光橘、土棕色和枯叶绿组合搭配,自然和
谐。小面积使用深灰蓝、黑色和白色在满版
繁复的图案上,使色彩更富有张力。外披长
袍上的几何纹样、民俗条纹、衣摆的流苏,兼
顾温暖舒适和原始自然的魅力,演绎出随性
自由的波西米亚风情,塑造出女性柔美飘
逸、悠然自得的形象。

■ 图2-3-8 波西米亚风格配色

视频6：以图案出发的
命题设计

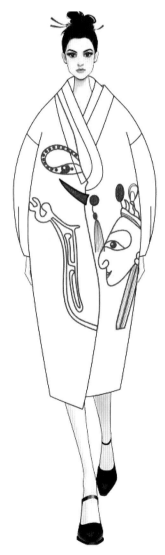

图案设计的来源可以是生活中的任何东西，如广袤的星空、浩瀚的海洋、蜿蜒起伏的山脉等。我们在运用这些素材的时候，不应止步于拿来直接应用，而是通过艺术加工，创造出符合现代审美趣味的图案形式。选用素材后，将之打散与重构，结合现代工艺与技术手段，完成图案设计，并恰当地运用于服装设计中。

以图案出发命题的创意设计可以将图片素材以适应服装风格与特定设计部位的形式进行修改，或者采取将图案局部截取、放大、缩小、打破、重组等手段应用于服装上，赋予图案以新的创意和灵魂，使之形成设计中心或达到强化设计主题的目的。

以图案出发的命题设计见视频6。

一、单独纹样

单独纹样是图案最基本的形式，是指没有外轮廓及骨格限制，可单独运用、相对自由的一种装饰纹样。

如图2-4-1，服装造型采用宽松大廓形的流线型设计。以白色为主、红色为辅的色彩搭配，提取中国汉族民间古老传统艺术皮影戏人物的头像局部，图案设计去繁从简，二次加工，采用镂空工艺，结合中国传统手工艺"剪纸"的艺术形式，以线条来表现人物图案，细腻生动，逸趣横生。

■ 图2-4-1 单独纹样应用设计（一）

■ 图2-4-2 单独纹样应用设计（二）

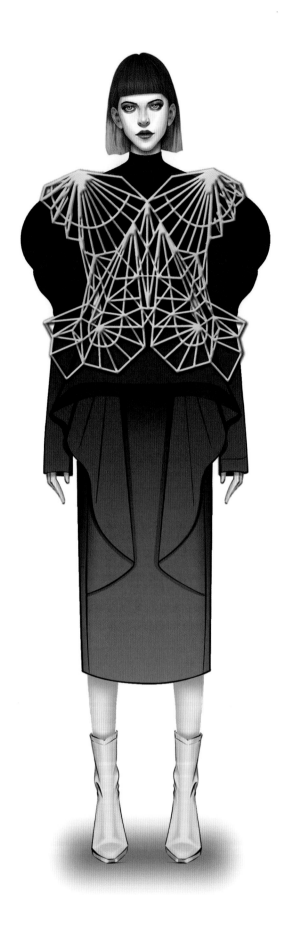

如图 2-4-2,该服装融纺织艺术与科技为一体,造型简洁,内搭服装的上半身没有过多的复杂结构,外层穿戴的科技材质马甲作为图案的载体,成为服装的整体亮点。图案运用 3D 打印技术制作成繁复的立体装饰。布局左右对称,形成同形、同量的几何纹样环绕在肩部、胸部和腰部,蕴含着平衡、稳定之美,将观众的视线集中到了上半身,强化服装的廓形,营造出力量感、科技感和未来感。

如图 2-4-3，服装中的图案
由特殊肌理形成。灵感来自海洋
生物化石的形态和痕迹，用毛线
和钩针组织出立体的图案，复刻
出化石上规则细腻的起伏。图案
定位在服装的前襟和腰部，使得
单独纹样可以较完整地呈现，贴
合服装的风格和主题。图案大小
错落有致，具有立体感与空间感。
左右不对称的布局，自由随意，形
成了视觉上的均衡感。

■ 图2-4-3 单独纹样应用设计（三）

如图 2-4-4,连衣裙的图案灵感来自海水的流动。将海水的运动形式抽象成蜿蜒曲折的流体图案,采用数码印花技术将图案定位在特定的部位,结合服装不对称的结构设计和抽褶手法,达到视觉上的整体平衡,在静态中塑造动态美。裤子的图案则采用规则的竖条纹,与裙子图案中的曲线条形成曲直对比,使整体服装的节奏感更强。

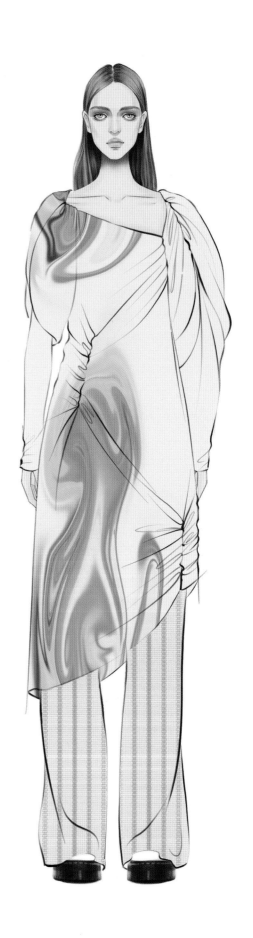

■ 图2-4-4　单独纹样应用设计（四）

二、适合纹样

适合纹样是具有一定外形限制的纹样,图案素材经过加工变化,组织在一定的轮廓线以内。

如图2-4-5,服装设计将传统与现代结合,运用民族特色的面料与色彩,根据服装局部裁片的外形轮廓,对中国民间传统图案进行二次设计,力求图案形式与前胸、肩部等局部外形相适应,并采用传统的民族手工刺绣与镶边装饰工艺,形成设计焦点,强化设计主题。

设计:李青
　　　冯燕

■ 图2-4-5　适合纹样应用设计(一)

如图 2-4-6, 将具有中国文化意蕴的"百鸟朝凤"图案,运用于西式裁剪的晚礼服设计,在设计好的裁片中,根据理想的位置进行图案的定位设计,将凤凰图案进行提炼、变形与抽象化处理,使其内容与形式更好地适应服装特定位置的裁片外形轮廓,利用法式刺绣工艺对图案进行精心刺绣,强化了图案而弱化了结构线,精致华美,大气温婉。

■ 图2-4-6 适合纹
样应用设计（二）

三、连续纹样

连续纹样是在单独纹样的基础上做重复排列，是可以无限循环的纹样。

连续纹样包括二方连续和四方连续两种。二方连续是由单位纹样往上下或左右不断重复产生，具有秩序感和节奏感。四方连续是由单位纹样朝上下、左右重复排列而成，绵延不断。根据接头方式不同，产生的花型效果也有所不同。

如图2-4-7，作品在图案设计上采用四方连续的构成方式。牛仔裙上的爱心形状图案采用镂空的手法，底部拼接橙色千鸟格面料，增加图案的层次感，再在心形周围用钉珠做装饰，融合手工的精致感。荷叶边上应用的图案和千鸟格图案都是采用平接式（通过上下左右平移来连接图案）的手法，视觉感受上规律性较强，适合细密排列，装饰在服装局部。

如图2-4-8，设计的图案灵感来自热带雨林，形态各异的飞鸟穿插在茂密的植物绿叶中，图案排列密集，不留底色，形成满底图案。图案的循环单位尺寸较大，适合大面积用在款式飘逸的连衣裙、衬衫等单品上。

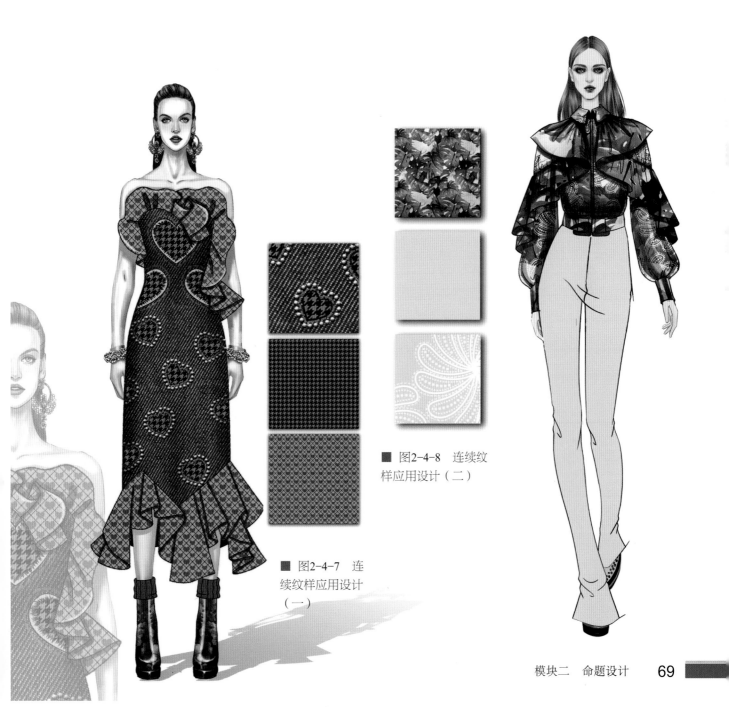

■ 图2-4-7 连续纹样应用设计（一）

■ 图2-4-8 连续纹样应用设计（二）

模块三　系列服装的拓展设计

　　现代社会各个行业都非常注重设计产品的系列化，服装企业以系列化的形式进行产品开发与市场推广不仅可以提升品牌形象，更是强化产品风格的重要手段。在消费者对系列化的产品逐渐适应与接受的今天，通过拓展设计，相同或相似的设计元素以一定的次序进行排列组合、重复与强调，使各个单品各自独立完整又相互关联，形成适合目标产品定位的系列产品成为现代设计师必须掌握的专业技能之一。

任务一 系列设计 的表达

视频7：系列设计的表达

一、系列设计的含义

创意设计，是指为了某一种用途而提出独特创意，并把脑中的构想具体表现出来的一种设计。

服装创意设计具体来说就是以面料作为素材与载体，以人体作为对象，塑造出关于美的创意作品。服装设计师应当像一位电影导演要把控服装设计全局，立于创意的中心，统筹规划，使设计出来的服装达到最完美的创意效果。

系列服装创意设计是指运用至少一个共同元素，对服装进行成组的设计，其强调服装的群体性与整体效果，设计出的服装系列应具有节奏感和视觉感染力，在统一的风格之下，各自又具有独特之处。

系列设计的表达见视频7。

■ 图3-1-1　系列设计

如图 3-1-1，作品由五套女装构成，系列设计以雨花石为灵感，花而冠雨，以"花"为名，简约立体的时尚造型结合民间装饰元素，将变幻绮丽的色泽纹理与丝、麻质感材料巧妙结合，仿佛在纵横交错的穿越空间，整组设计既传统经典又具有现代时空感。系列作品以简洁自然的轮廓与极具女性化的装饰手法交融一体，呈现出温婉细腻、自然灵动之美。

在进行系列服装设计时，需要明确系列设计的基本特征，理清思路，将设计元素进行合理的分配，注意整体与部分之间的协调，保持统一且富于变化。

二、系列设计的基本特征

1. 构成系列的款式数量

系列服装必须是由若干个单套服装共同构成的，数量是构成系列的基础条件。

构成一个系列的服装至少为两套及以上，如图 3-1-2。

■ 图3-1-2　两套构成

通常 3~5 套的服装组合为小型系列,小型系列由于服装数量较少,具有方便、灵活、容易搭配的特点,同时核心元素的运用也相对充分,如图 3-1-3。

■ 图3-1-3 小型系列

6~9套的服装组合为中型系列,该系列不仅能充分表达设计师的设计意图,同时也能较好地展示面料效果以及作品风格,如图3-1-4。

■ 图3-1-4　中型系列

9套以上的组合为大型系列,作品有强烈的视觉冲击力,以起到烘托气氛、引领潮流的目的,如图3-1-5。

■ 图3-1-5　大型系列

2. 共性特征

系列设计的首要条件是共性,只有每件服装有了共通点,才能把整体联系在一起。

无论是创意服装还是实用服装的设计,是对主题的诠释和表达,是用造型要素、色彩搭配和面料选择作为内容围绕主题进行的创作,因此系列设计中,在风格定位明确之后,确定与表达设计主题便是系列设计的核心内容。

在具体的设计手法上,就是在统一的设计理念和设计风格之下,通过追求相似的形态、统一的色调、共用的面料、类似的纹样、接近的装饰和一致的工艺处理等,从而在视觉和心理上产生连续感和统一感。

如图3-1-6,整个系列图案设计大胆前卫,面料充满未来科技感,强调色彩设计的对比效果和款式的实用功能,形成青春动感的运动风格。

3. 个性要素

为了让系列服装更具魅力,除了需要体现整体性和统一感,还需要强调单套服装的个性特征,呈现出每件服装的独特性。个性的形成取决于设计手法的变化运用,要使系列中的每件单品在造型形态、面料组合、分割比例、方向位置、开合结构、装饰内容、层次数量和松紧搭配等方面或多或少地表现出差别。单品之间相互关联,求同存异,在保留相似的基础上,追求各自的特点与变化。

图3-1-6 系列的共性特征

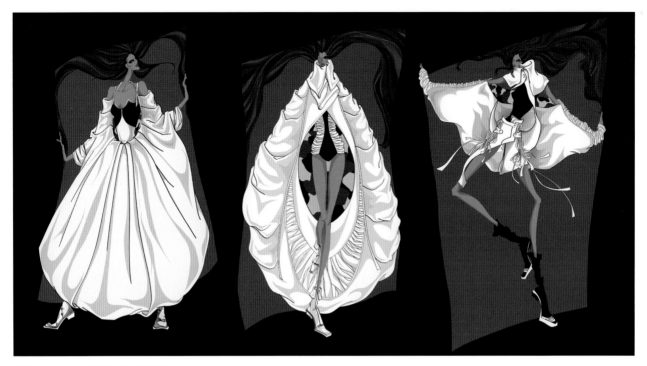

■ 图3-1-7　系列的个性要素

如图 3-1-7,系列作品《夜光杯》采用酒杯的造型和大面积的白色色彩基调表现主题,以无色胜有色,以面料肌理的变化展现作品的空间感和体积感,不同款式以不同的个性化形式分别采用不同廓形,里布及局部设计上强化了高纯度的色块的变化,同时运用黑色水晶石作色彩间的点缀勾勒,增添了作品细节的精致与瑰丽。

三、系列设计的表达

系列服装设计的表现形式是通过造型、色彩、图案、面料、装饰工艺等设计元素综合体现出来的。

具有相同或相似的元素,又有一定的次序和内部关联的设计便可形成系列。也就是说系列服装设计的基本要求就是同一系列设计元素的组合具有关联性和秩序性。

系列设计的展开,可以根据设计主题或需要表现的风格,选用某一种设计元素为主逐步展开。

设计元素包括造型元素、色彩元素、图案元素、面料元素、结构元素、工艺元素、装饰元素等。这些设计元素一般不会单一出现在整组系列中,而是多种设计元素同时出现,但需要强调其中的一种设计元素,其他元素在风格和表现方式上与之匹配,整体上综合把控,主次分明,协调统一。

1. 以造型元素为主构成系列的设计表达

在造型设计中,服装形态的宽与窄、大与小、松与紧、长与短、正与反、疏与密等变化,可以产生多种多样的形式。当系列服装需要采取相同廓形时,可以通过调整局部和细节形态获得变化,如改变口袋大小和位置、领口的高低、移动门襟位置等;相反地,当需要局部设计趋向一致时,可以改变服装的廓形来获得变化,比如通过改变上衣或下装的长短关系获得不同的上下装比例、通过调整放松量改变服装的松紧关系等。

1)点元素的设计表达

点元素具有引导视线、聚焦视觉中心、形成设计焦点的作用,因此,服装造型中关于点的设计是服装设计师重点强调的部分。点的形态可以是规则的,也可以是任意的。在实际应用中,我们往往将局部

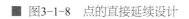
■ 图3-1-8　点的直接延续设计

较为密集的造型视为"点"的设计,例如领子、袖山、袖口、口袋等。

　　点元素可以作为系列设计中的细节造型元素,使之成为整个服装系列的关联要素。

　　系列中点的延续设计分为直接延续和间接延续,两种方法既可以单独运用,也可以相互结合。

　　直接延续设计是以服装的某个密集性局部造型为基础,在局部造型组织形式和服装基本的结构功能不变的前提下,通过造型的大小、方向及所处位置的变化,使服装之间存在相同或相似的局部造型,从而形成完整的系列。

　　如图 3-1-8,该系列由四个连衣裙单品构成,每条连衣裙分别在裙身的腰、领等部位各选择一个点作为视觉中心,通过省道转移与面料加量处理,以相同的造型手法与外在形式,以单点构成的方式向周围形成发散式的缩褶外观,裙摆产生了不对称的体量变化,节奏感十足,整个系列设计的造型手法统一,单品的个性突出。

　　间接延续设计是以某个密集性造型为基础,在保持造型的手法不变的前提下,通过改变或模糊原有服装部件外在形式的方法,以达到一种微妙的延续设计效果。

　　如图 3-1-9,该系列由三个单品搭配而成的两套服装构成,相同面料的连衣裙与长袖上衣,运用局部抽褶的造型手法,在腰部形成视觉中心,分别以不同的结构处理与外观形式,形成同系列的延续设计。

■ 图3-1-9　点的间接延续设计

2）线元素的设计表达

线是点移动时产生的轨迹,在服装设计中,线的设计蕴含着丰富的表现力,主要包括外部廓形线和内部造型线。

系列设计中,线的延续设计是指将具有韵律美感的线条或线条组合应用到系列的所有服装中,形成明确统一的符号性标识。

外部廓形线即服装的外形线,它决定了服装的整体风格。通常一个系列以相同或相似的廓形线作为主要的延续元素,展现明显的系列化效果。

内部造型线包括结构线、装饰线以及结构装饰线。服装结构线是指体现在服装各拼接部位构成服装整体形态的线,一般包括了为达到合体目的而设计的省道线、分割线及褶裥等。服装的装饰线指的是仅以美观为目的,运用缉线、滚边、镶嵌、荷叶边等装饰手法而设计的线条或线条组合,或运用立体的装饰手法形成的局部立体装饰边线。内部造型线的设计需要和服装风格统一,要根据外部廓形线的风格与特征进行设计。

如图3-1-10,该系列由三款宽松长袖外套构成,整体设计采用上收下松的外部廓形,宽松的衣身与袖体结构使服装与人体之间形成舒适动感的可变空间,通过由上而下的加量设计使下摆呈现不规则的长线条变化,领、袖、门襟、口袋等局部的线条排列布局设计形成长、短、曲、直、虚、实的对比变化,系列设计依据服装外部廓形的相似和内部细节变化拓展衍生,内部结构细节变化丰富且有秩序感和节奏感,整体风格协调统一。

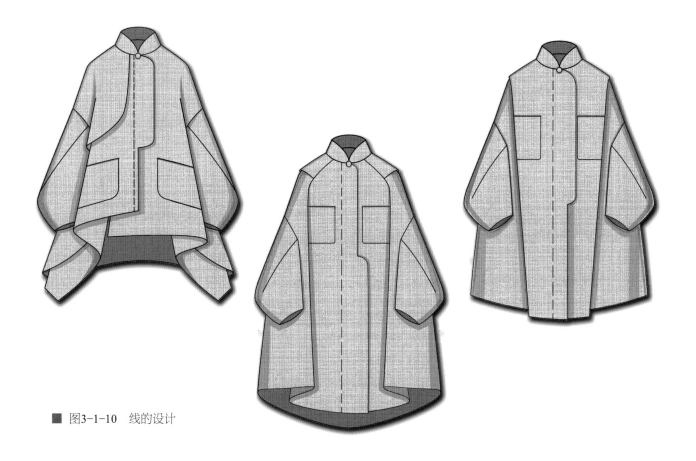

■ 图3-1-10　线的设计

■ 图3-1-11　面的设计

3）面元素的设计表达

面是由线的移动产生而成，具有一定的长度和宽度。在服装设计中具有明显的主导性作用，能明确服装造型的面积、比例和量感。

面的形态分为几何面和自由面。几何面的形态简洁规则，具有秩序感；自由面的形态自由多变，活泼生动，具有自然流畅的视觉效果。

我们对面的理解，可以从服装的构成形式开始，将服装看做是由不同的裁片以特定的方式组合，将人体围拢而成的多面体，而这些裁片是以人体为基础，经过特定的结构设计形成的，因此这个多面体的构成需要考虑服装的可穿性与功能性等因素。

以面元素展开的延续设计，是在系列整体风格统一的前提下，运用相同或相似的造型手法，通过局部的形式变化，改变面的位置、大小、形态，或设计布料在人体上的受力点或受力面，使布料之间相互作用，产生空间关系与丰富层次，系列中的不同款式，既保持"共性"特征，又突出"个性"的差异化。

如图3-1-11，该系列由三款长袖外套构成，采用同一种挺括面料，在衣身中段的不同位置分别设计出不同形式的曲线分割，将衣片分成上下两个部分，同时在上下相邻裁片中设计多层夹片，通过加量的造型手法，使三个相邻裁片的缝合线形态产生差异，在下摆形成丰富的自然褶量的同时，夹片之下形成空间变化，同时领子、袖口、门襟与下摆的局部造型与整个系列设计强调的局部设计，在形式上保持协调统一，使服装风格鲜明。

2. 以色彩与图案元素为主构成系列的设计表达

色彩是服装设计元素中进入视线的第一个因素，传达出系列服装的情绪，确定服装风格，同时也可以掩盖其他设计元素上的不足。

以色彩元素为主构成系列设计，需要以一组色彩作为系列服装的统一要素，通过运用纯度及明度的差异、渐变、重复、相同、类似等配置，追求形式上的变化和统一，呈现更好的系列效果。

一个系列的主色一般不会超过两种色彩（不包括黑色和白色），通常明度和纯度基本一致，同时根据主色选择相应的辅助色和点缀色，穿插在其中，形成相互交融、彼此呼应的关系。

以色彩为统一要素的系列设计中，色彩表现不可以太弱，以免削弱其系列特征。

如图3-1-12，以海洋为主题的系列设计，采用海蓝色与白色为主色，抽象的流体图案与海洋贝类图案结合。

如图3-1-13，以高级灰配色的系列设计，由一组低纯度色彩组成，也称为莫兰迪配色，在灰色基调中，通过提高整体明度，给人柔和稳重、安静和谐的视觉感受，其高级感通过运用各个加入灰度的颜色相互组合得到，安静优雅，系列设计强调色彩配置的"和而不同"。

如图3-1-14，提取中国传统民间的年画色彩，形成具有中国风特征的系列设计。

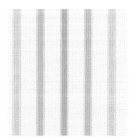

■ 图3-1-12 海洋主题的色彩设计

■ 图3-1-13　高级灰系列设计

■ 图3-1-14　中国传统色彩系列设计

如图 3-1-15,是以热带雨林的植物色彩与图案为灵感的系列设计。

如图 3-1-16,以中国皮影戏人物头像结合"剪纸"工艺,通过图案形式表现在服装系列设计中。

3. 以面料元素为主构成系列的设计表达

系列设计依赖或适应面料的个性与风格,合理选择面料的种类,通过面料搭配与组合,加上款式的变化和色彩的表现,创造出强烈的视觉效果。

面料的特性影响设计的风格与方向。在系列服装设计中,可以选用同一种面料,或者以强化造型设计的方式适应素色面料相对单一的色彩与质感,或者以弱化造型变化的方式来突出面料的特色图案或自身风格,或者为了表现特定的设计主题,运用印、染、堆积、褶、缝、绣、拼贴、编织和重组破坏等手法对面料的二次创作,也可以运用不同质地、性能和肌理的面料组合搭配,如单薄与厚重的面料、细腻与粗糙的面料、柔软与挺括的面料、华丽与低调的面料等,形成特定的对比设计,这也是以多种面料形成系列设计最主要的设计手法。

如图 3-1-17 的一组婚纱礼服系列设计,运用透明网眼、丝棉、欧根纱、珠光缎等面料相互穿插与叠透,浪漫唯美。

■ 图3-1-15 四方连续图案构成系列设计

简·影

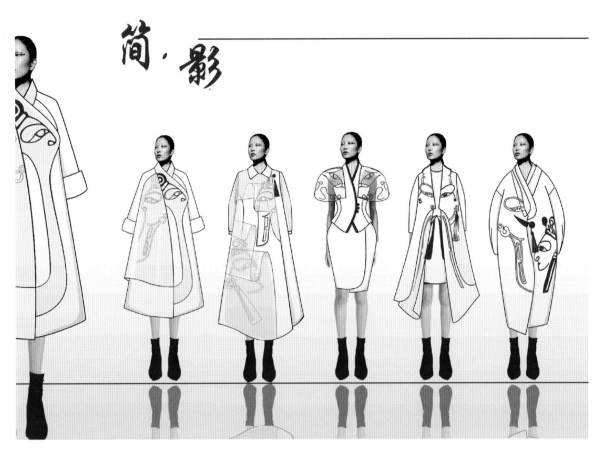

■ 图3-1-16　传统图案构成系列设计

图3-1-17 面料为主的系列设计

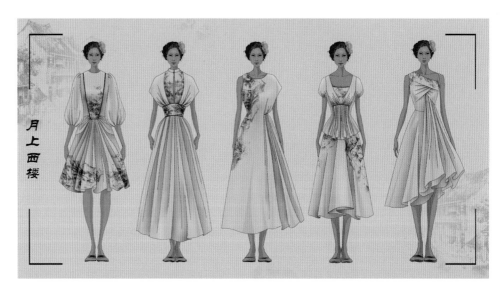

图3-1-18 装饰工艺构成的系列设计

4. 以装饰元素为主构成系列的设计表达

系列设计把特色工艺作为关联要素,如镶边、嵌线、饰边、绣花、打褶、镂空、缉明线、装饰线、结构线、印染图案等,形成系列工艺、特色工艺或者是设计视点,并在多套服装中反复运用而产生系列感。

这些特色装饰工艺在设计中一方面可以强化整体系列的主题,另一方面,增强服装整体的美感与层次感,丰富服装的造型语言,使之变得生动而富有艺术感染力。

如图3-1-18,以精致华美的装饰工艺为特色的时尚华服系列设计,采用半透明的真丝雪纺面料、浪漫细腻的水墨画手绘图案并结合法式绣、滚边工艺,呈现出青砖绿瓦、烟雨朦朦的古镇风情,华而不艳,素而不凡。

四、系列的设计流程

手绘设计草图 →手绘设计草图选择与调整 → 系列设计款式图

1.案例一

如 图 3-1-19~ 图 3-1-22。

■ 图3-1-19 手绘设计草图

■ 图3-1-20 手绘设计草图的选择

■ 图3-1-21　手绘设计草图的调整

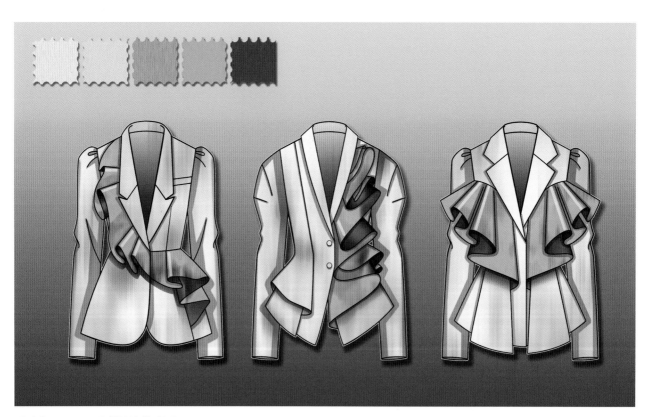

■ 图3-1-22　系列设计款式图

2.案例二

如图 3-1-23~ 图 3-1-25。

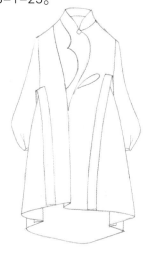
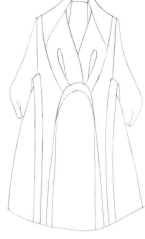

■ 图3-1-23 手
绘设计草图

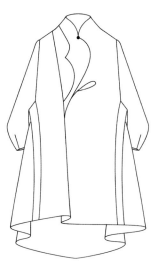
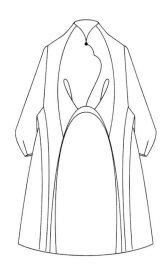
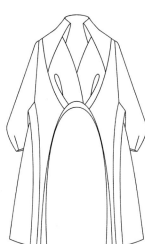

■ 图3-1-24 手
绘设计草图的调整

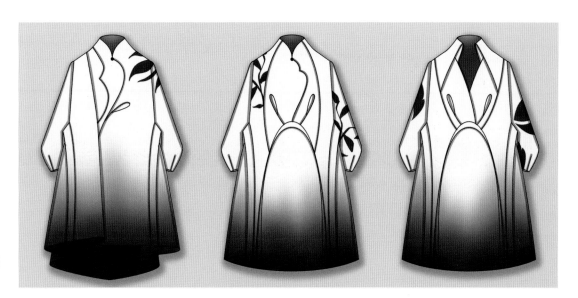

■ 图3-1-25 系
列设计款式图

视频8：拓展设计的创意思维

拓展设计是把设计从单品扩展为系列。

拓展设计的创意思维即发散性思维，是指人们以某一事物为思维中心或起点而进行的包含各种可能性的联想、想象或设想，其思维方式具有发散性的特点，同时也是创造性思维的主要方式。对于服装设计来说，拓展设计的创意思维体现在形象思维以及艺术化想象上。

创意思维具有多向性、开放性和立体性，需要设计者从多方面、多角度进行思考，将各方面的知识加以综合分析和运用，开阔思路，扩展思维，并能够举一反三，寻求与众不同、独树一帜的风格。

拓展设计的创意思维见视频8。

一、拓展设计的思路

系列服装的拓展设计是由单体服装向系列服装的发展过程，单品设计强调个体或单套美，系列设计则重视整个系列多套服装的层次感和统一美。在系列设计中除了要了解系列设计基本特征外，拓展设计的创意思路也至关重要。

1. 基础延伸法

所谓基础延伸法，就是根据设计主题先设计构思出一套服装，然后将这套服装作为拓展设计的基础款，根据事先设定的风格定位和款式类型，按照基础款的设计手法与特色进行衍生与拓展，与基础款共同构成一个系列。基础款可以是满足市场需求的成衣款型，也可以是强调创意理念的艺术时装。如果在后者的基础上进行成衣系列的拓展设计，则需要延续其艺术表现风格与设计手法，进行适当简化与提炼，按照成衣设计的要求进行综合把控，强调系列设计的功能性与商业价值。

拓展设计的过程需做到既不脱离基础款，又要把控设计元素的数量和设计风格，分清主次关系，避免风格混乱或设计元素过多，使拓展的款式具有延伸性，要在突出个性的同时，在整体系列感上保持设计手法的统一性。

2. 整体宏观设计法

所谓整体宏观设计法，就是首先根据设计主题要求对服装品类、数量和整体风格做出宏观性的规划与安排，再对单个款式进行逐一完善设计的方法。

拓展设计的过程，需要设计师具有宏观意识，做好系列的整体策划工作。用宏观视角进行整体控制，提前确定好整个系列的主题、风格、款式类型、单套数量、单品数量，要规划设计元素的舍取及变化方式等，再对每套服装的细节进行逐步的深入设计、整理与调整。

二、拓展设计的过程与方法

1. 拓展设计方案一

首先需要明确设计定位与款式类型。

以三款相同廓形的合体长袖女外套构成的成衣系列为例。

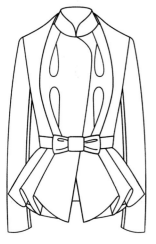

■ 图3-2-1　基础款型

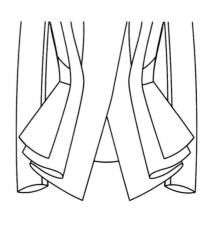

■ 图3-2-2　局部设计

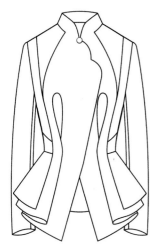
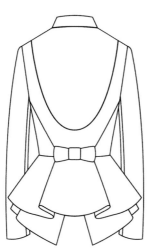

■ 图3-2-3　拓展设计一

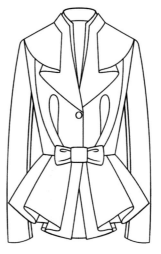

■ 图3-2-4　拓展设计二

如图3-2-1,在拓展设计之前,根据设计要求,构思出其中的第一套服装,将其作为基础款型,以把握整体风格,并从造型、色彩、面料、图案、装饰等角度,对其设计元素进行分解与提炼,为接下来的拓展设计做准备。

如图3-2-2,基础款型确定后,提取基础款式的设计元素,在廓形不变的前提下,设计出拓展款的局部细节。

如图3-2-3,根据该局部的设计特点,继续延伸出其他的局部,在众多设计方案中设计、提炼出该系列的第二款。拓展设计时,要有针对性地选择某一局部进行充分设计,其余方面只是为了烘托主体而进行的辅助性的衍生设计。拓展设计需要强调明确清晰的设计亮点,在保持整体风格与系列形式感统一的同时,形成单品特色的差异化。

如图3-2-4,在保持廓形不变的情况下继续拓展出这组系列的第三款。设计时,在主体风格与设计特色不变的前提下,调整单品的设计元素形态与位置,进行内部造型的细节设计,利用结构变化塑造服装的立体形态,利用装饰线为服装增添视觉美感。背面的设计需考虑与正面的设计协调呼应。

如图3-2-5,整体系列设计完成,再次检查拓展的款式是否既不脱离基础款又能把控住设计元素的数量和设计风格,主次关系清晰,具有延伸性与创意性。

如图3-2-6,用白坯布对该系列设计的三款单品进行立体造型表现,对设计进行深入理解,对规格设计、细节的形态与比例进行修改与调整,使平面表现的设计图与立体成品效果尽可能吻合,最后尝试一下将长袖修改为短袖,形成合体女上衣系列设计的另一套备选方案。

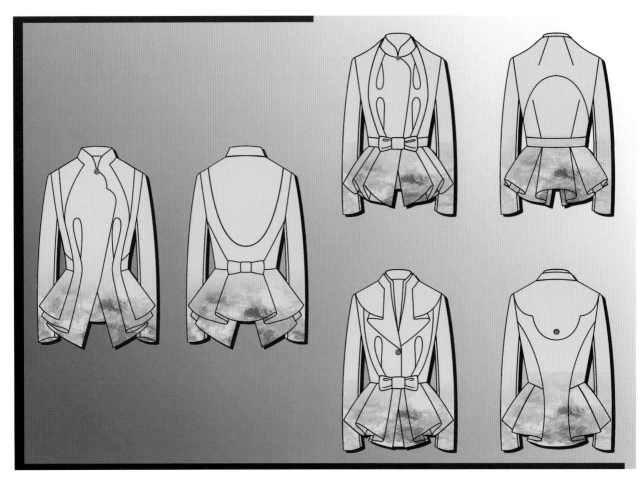

■ 图3-2-5 上衣系列的完成

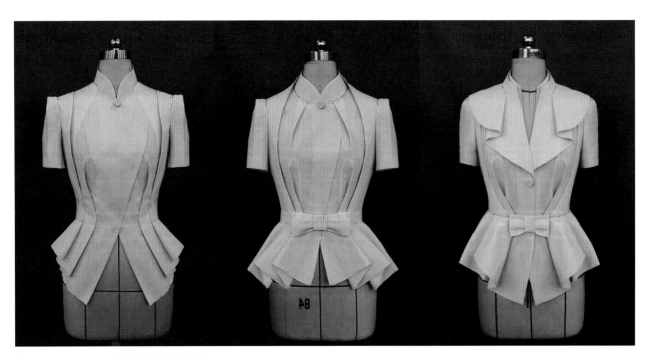

■ 图3-2-6 上衣系列立裁造型成品

2. 拓展设计方案二

完成第一个系列之后，可以用整体宏观设计法，根据同一设计主题，对服装品类、数量和整体风格做出宏观性的规划与安排，继续拓展出另一种款型的系列。

以三款相同廓形的合体长袖女式连衣裙构成的成衣系列为例。

如图 3-2-7，分别在系列设计三款单品的领子、腰部和裙摆的部位进行变化，再对每套单品的其他局部细节进行逐步的深入设计。

如图 3-2-8，设计中采用了两种面料，一种是

紫色印花面料，一种是紫色蕾丝面料。其中印花面料为主面料，手感光滑，质感细腻挺括；蕾丝面料为辅面料，镂空质地，纹样独特，精致华丽，拼接在服装的胸部、裙摆和背部的中心位置，吸引视线。两种面料的拼接使该系列产生柔和对比的形式美。

如图 3-2-9，用白坯布对该系列设计的三款单品进行立体造型表现，对设计进行深入理解，对规格设计、细节的形态与比例进行修改与调整，使平面表现的设计图与立体成品效果尽可能吻合，最后尝试一下将长袖修改为短袖，形成合体女式连衣裙系列设计的另一套备选方案。

■ 图3-2-7　连衣裙系列拓展款式线稿

■ 图3-2-8 连衣裙系列款式图

■ 图3-2-9 连衣裙系列立裁造型成品

3. 拓展设计方案三

完成第二个系列之后,根据同一设计主题,继续拓展出另一种款型的系列。

以三款相同廓形的合体礼服裙构成的成衣系列为例。

如图3-2-10,三款礼服裙的胸部局部设计相似度较高,通过改变服装的廓形获得变化,比如系列中裙摆的造型设计有鱼尾状也有伞状形态;服装的平衡上有对称设计和不对称设计;领口形状有抹胸设计和V领设计。力求基本不改变服装整体效果的前提下,对局部进行变化设计,以达成系列服装统一中有变化的视觉效果。

■ 图3-2-10 礼服裙系列拓展款式线稿

■ 图3-2-11 礼服裙系列款式图

如图 3-2-11,选用适合的色彩、面料与装饰工艺,对设计线稿进行深入设计,完成最终的系列款式图。

如图 3-2-12,用白坯布对该系列设计中的两款单品进行立体造型表现,对设计进行深入理解,对规格设计、细节的形态与比例进行修改与调整,使平面表现的设计图与立体成品效果尽可能吻合。

■ 图3-2-12 礼服裙系列立裁造型成品

4. 拓展设计方案四

完成第三个系列之后，根据同一设计主题，继续拓展出另一种款型的系列。

以三款相同廓形的合体长外套构成的成衣系列为例。

如图3-2-13，该系列三款外套均采用基础款型的X廓形，内部的结构设计则不尽相同，采用了不同的细节设计。内部分割线和省道的设计目的是凸显胸部和胯部，收窄腰部，与廓形构成协调关系，凸显人体的曲线美与装饰美。

如图3-2-14，选用适合的色彩、面料对设计图进行深入设计，完成最终的系列款式图。

■ 图3-2-13　长外套系列拓展款式线稿

■ 图3-2-14　长外套系列款式图

5. 拓展设计方案五

设定"锦鲤"为设计主题，首先设计一款符合设计命题的创意类艺术时装，用设计效果图进行表现，再以该款为基础，保留其设计理念与设计手法，提取主要的设计元素进行拓展设计，构成三款相同廓形的合体礼服裙的系列。

如图 3-2-15，这组系列创作灵感来自于"玉萍掩映壶中月，锦鲤浮沉镜里天"诗句的优美意境。主色调采用锦鲤身上明艳的朱红色，根据主色调选择白色做为辅助色，意在用留白的手法烘托意境，配合繁复的褶浪造型，打造出多层次、多面的立体效果中国风的写意水墨锦鲤图案在裙身的不同部位巧妙布局，锦鲤形象艺术生动地展现在设计作品之中，使服装的主题明确，视觉效果统一且富有变化。

如图 3-2-16，设计出一个系列三款 X 廓形的礼服裙，根据创意设计效果图的核心设计元素进行创意拓展设计，将色彩与图案设计的元素融入系列设计中，利用色彩渐变与布片的立体翻折波浪的造型手法，形象地表现出"锦鲤"在水中自由摇摆、自然灵动的造型特点，强化了系列作品的设计风格与视觉冲击力，设计手法大胆创意且时尚新颖，并运用

■ 图3-2-15　创意主题艺术时装设计

电脑软件绘制出了正、背面的彩色平面款式图具有一定的市场价值。

如图 3-2-17，用白坯布对该系列设计中的一款单品进行立体造型表现，对设计进行深入理解，对规格设计、细节的形态与比例进行修改与调整，使平面表现的设计图与立体成品效果尽可能吻合，并在此基础上进行合体上衣的拓展变化。因为款型不同，可保留衣身主要的设计特点，衣长减短，设计出实用的门襟与合体长袖结构，并可作为合体女上衣成衣系列的基础款型，继续进行同系列其他款式的拓展设计。

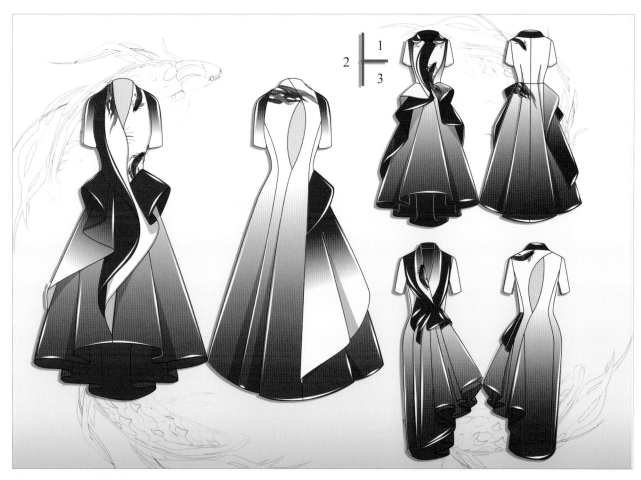

■ 图3-2-16　拓展系列设计

礼服向上衣的拓展设计

■ 图3-2-17　拓展变化款的立体造型成品

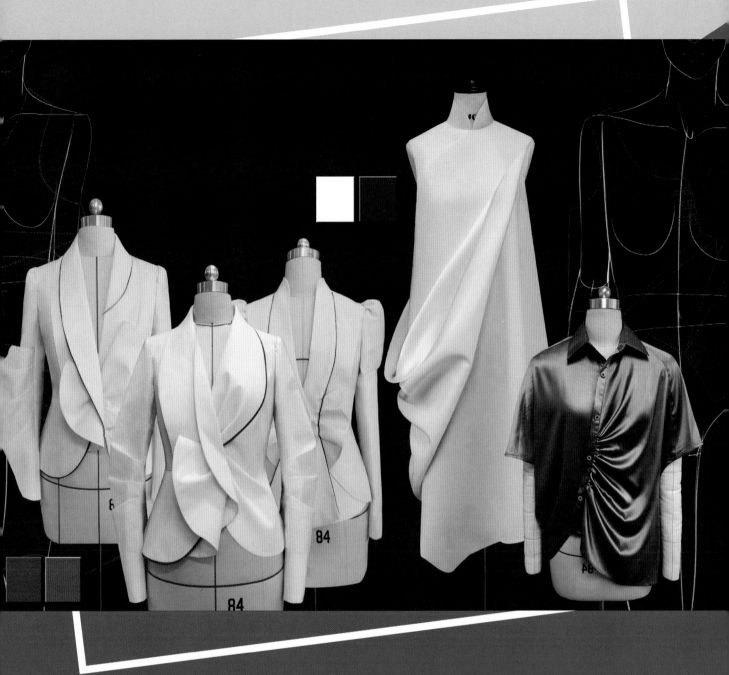

模块四　立裁设计案例解析

　　分别以合体设计与宽松设计的具体设计案例，展开创意设计，通过实际的设计过程，详细解析了传统的结构主义风格与非常规裁剪下的解构主义风格的不同设计手法与表现方式。在特定的创作命题下，从单品设计的灵感与构思、设计图解析、立裁设计的过程，到系列款的拓展设计与立体造型表现，详细完整地展现了从单品到系列拓展的整个设计过程。

设计案例一

合体设计：造型的层次与空间设计

视频9：合体设计

服装造型艺术是关于空间设计的造型艺术，是以"人"为基础，将各种服装材料作为空间造型的载体，通过不同的结构形式相互组合而成的造型，也可以说是具有一定空间厚度的"空间软雕塑"。服装的外部造型呈现于一定的空间中，服装的不同局部也因位置、方向等关系，保持着一定的距离与作用，构成不同空间关系的排列与布局。

现代服装更加强调设计的立体化、个性化与风格化，在立裁设计的造型过程中，加强服装的层次与空间设计，能够给观者带来美妙的视觉享受，是增加作品的艺术审美性，深化作品的创意主题的重要手段。无论是相对孤立而形成非限定空间，以造型大小的对比关系形成空间划分，或是以内外层次的相互影响体现空间的径深感，通过对某些空间关系的强化，整体与局部，局部与局部之间可以形成体量的主次、虚实等复杂关系，使造型更加丰满与立体。

将《折扇》作为创意命题，运用造型的层次与空间设计完成合体长袖女上衣的款式设计，并进行系列拓展设计，使之成为完整的系列产品。

以《折扇》为主题的合体设计见视频9。

一、设计灵感与构思

扇文化起源于远古时代，折扇的历史可溯源于中国的南北朝。一柄折扇，开之则用，合之则藏，一面书画，一面空白，一面理想，一面现实，方寸之间，挥洒一个丰富玄妙的世界。今天，折扇已成为一种历史与传统记忆。在新时代的背景下，折扇被重新拾起，赋予了全新的文化内涵与艺术价值。

如图 4-1-1，以折扇的"形与意"为灵感，将西式裁剪与东方造型结合，通过折、卷、翻等手法，形成服装造型的层次设计与多变空间。

■ 图4-1-1　灵感图片

如图 4-1-2，采用暗花真丝织锦与欧根纱
面料，中国红作为色彩基调，华丽而低调，高贵
而内敛。交领、圆摆、袍袖等汉服元素与西式立
体的裁剪方式相结合，将折扇外形进行抽象与
变形，通过领子、门襟、下摆等局部造型的相互
穿插与组合，设计造型线条的运动轨迹，从单一
的二维平面向立体的三维状态变化，造型元素
形成大小、空间、内外与虚实的空间关系，构成
层次丰富的视觉效果。

二、设计图解析

如图 4-1-3，根据对创意灵感的解读，绘
制完整的款式设计图。

该款式为合体结构的长袖上衣，衣身主体
与局部造型采用不对称设计，领片与衣身采用
翻转、褶省的放射式线条布局设计，使中腰与门
襟部位成为设计焦点，曲线下摆设计，合体装袖
结构，通过褶省设计与外形线变化，加上袖筒融
入中国袍袖元素的设计，形成立体饱满的视觉

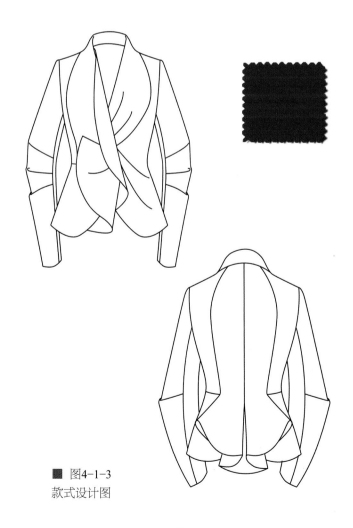

■ 图4-1-3
款式设计图

造型效果。

三、立裁设计过程

① 如图 4-1-4,根据款式特点,在人台上设计造型线

② 如图 4-1-5,上衣前片为左右不对称结构,取适当大小的布料,布料经向与人台前中线保持平行并与之固定,在人台上先完成左前片的立裁设计。

从领侧点到翻折线底端,设计一条可以隐藏在驳领下的分割线,将布料局部剪开,顺着人体胸、腰、腹的曲面变化,将所有省量集中在翻折线底端,形成指向胸凸、腰侧与腹部的放射状褶省结构,使布料与人体自然贴合。按照人台上设计的结构线,修剪出肩线、袖窿线、侧缝线与下摆线。将驳领方向的布料与驳领下的隐藏分割线重合固定,根据驳领与衣身为连裁结构的特点,沿着翻折线将布料向外翻折,翻折线也顺着脖颈向后自然围裹,调整后领造型,与衣身连接的后领领底处打剪口,和人台设计的后领口线重合,修剪出领底线与翻领边线,调整前后翻领的衔接关系。在驳领底部设计两个褶省,使驳领形态

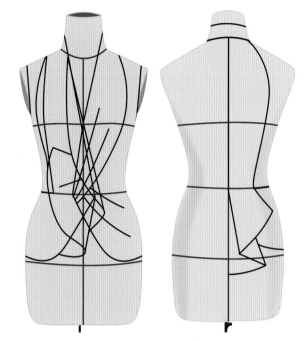

■ 图4-1-4 设计造型线

形成立体效果,修剪出驳领的轮廓线。在布料上标注好所有的结构线与褶省对位标记,从人台上取下,整理成左前片的平面样板。

③ 如图 4-1-6,取适当大小的布料,布料经向与人台前中线保持平行并与之固定,在人台上完成右前片的立裁设计。

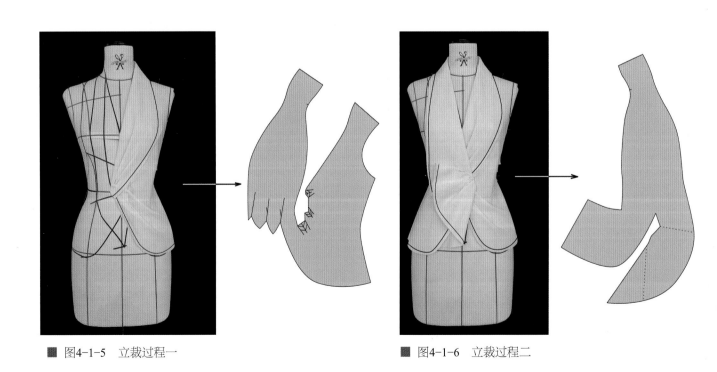

■ 图4-1-5 立裁过程一　　　　　　■ 图4-1-6 立裁过程二

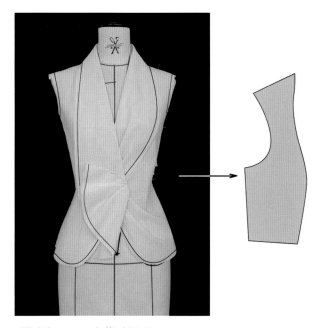

■ 图4-1-7　立裁过程三

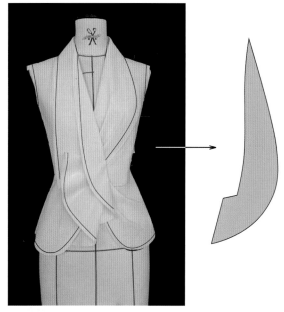

■ 图4-1-8　立裁过程四

顺着人体胸、腰、腹的曲面变化,调整布料与人体自然贴合,按照人台上设计的结构线,修剪出分割线、腰线、侧缝线与下摆线。驳领与衣身为连裁结构,因此翻折线左右的布料保持相连,沿着翻折线将布料向外翻折,参照左侧的方法调整出后领造型,将翻折线底端的布料进行上下反复的折叠,形成一个与驳领一体的立体扇形,将布边向内翻折,置于弧形门襟线内,与挂面结合,调整驳领造型,修剪驳领的轮廓线。在布料上标注好所有的结构线与褶省对位标记,从人台上取下,整理成左前片的平面样板。

④ 如图 4-1-7,取适当大小的布料,布料经向与人台腰线保持垂直并与之固定,在人台上完成右侧片的立裁设计,在布料上标注好所有的结构线,从人台上取下,整理成平面样板。

⑤ 如图 4-1-8,从右侧翻折线内向外单独设计一个狭长的立体驳领。先对布料进行单独造型,再与衣身结合,使领线与下摆线呈现以曲线变化为主要特征的多层造型,调整局部造型的轮廓线与组合位置,在布料上标注好所有的结构线与对位标记,从人台上取下,整理成平面样板。

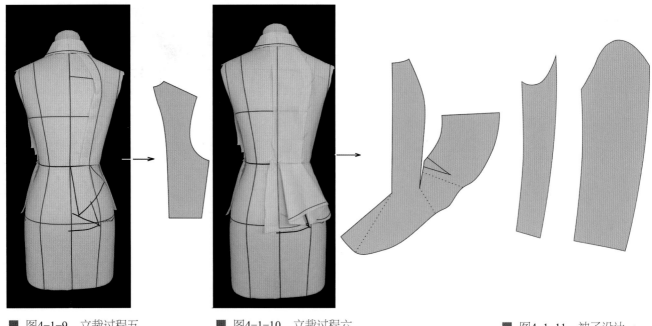

■ 图4-1-9 立裁过程五　　　　■ 图4-1-10 立裁过程六　　　　■ 图4-1-11 袖子设计一

⑥ 如图 4-1-9,取适当大小的布料,布料经向与人台腰线保持垂直并与之固定,在人台上完成后侧片的立裁设计,在布料上标注好所有的结构线,从人台上取下,整理成平面样板。

⑦ 如图 4-1-10,取适当大小的布料,布料经向与人台后中线保持平行并与之固定,在人台上完成后片的立裁设计。剪口打至后中线与腰线交点,将左下方布料向侧缝方向拉动,形成一个对准剪口的向内翻折的立体褶,将后片的后中线修剪成直线并与人台后中线固定。根据人台上设计的结构线,修剪出领口线与分割线,并与后侧片的分割线重合固定,使布料与人体自然贴合,剪口打至分割线与腰线的交点,将侧缝方向的布料向后中方向拉动,形成一个对准剪口的向内翻折的立体褶,靠近交点再设计一个褶省,将剪开的布料与后侧片的腰线对齐固定,修剪下摆造型,在布料上标注好所有的结构线,从人台上取下,整理成平面样板。

⑧ 如图 4-1-11,根据衣片的袖窿形态与测量数据,用平面制版的方法得到合体的两片袖结构样板,作为袖子变化的基础样板。

⑨ 如图 4-1-12,从袖肘到袖口,按照相同方法画弧线,调整大、小袖的后袖缝曲线,改变袖体侧面的廓形,在大袖前袖缝的肘线上下设计三个对准后袖缝的放射状褶省,使袖筒中间蓬松立体,修正大袖

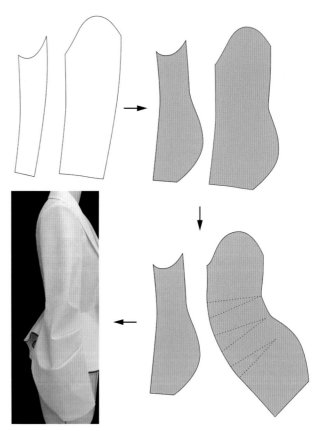

■ 图4-1-12 袖子设计二

样板的外形。将大、小袖片按照正确的结构关系进行组合与假缝,与衣身的袖窿结构进行吻合,调整袖子的整体造型,在布料上标注好修改记号与对位标记,整理成袖子的平面纸样。

⑩如图 4-1-13，核对所有平面样板，按照正确的结构标注丝缕方向，整理出完整的平面结构展开图。

⑪如图 4-1-14，按照整理出的样板，对立裁布片进行核对与修剪，制作成坯布样衣，挂上人台熨烫整理，呈现出最终的成品效果。

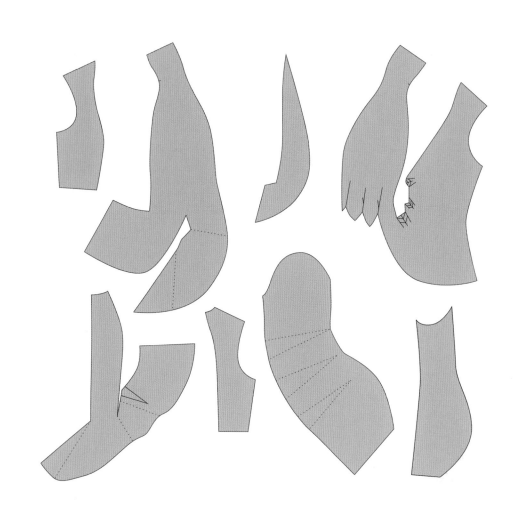

■ 图4-1-13　完整平面结构展开图

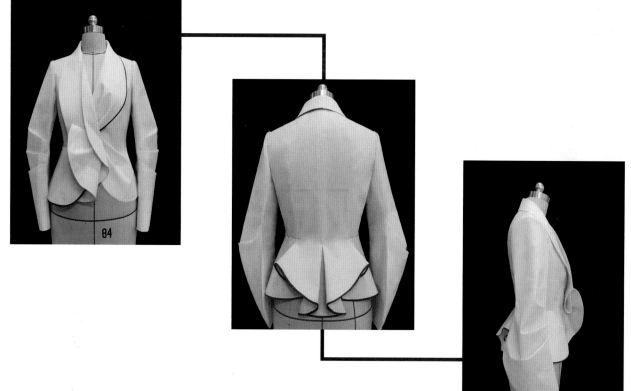

■ 图4-1-14　立裁设计成品效果

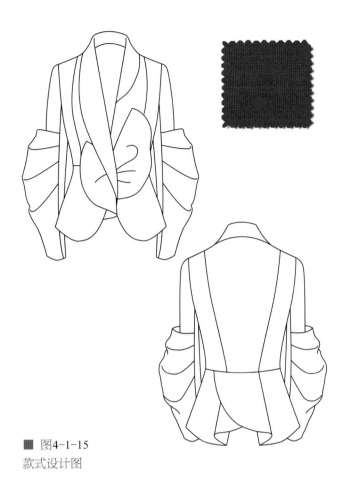

■ 图4-1-15
款式设计图

■ 图4-1-16 设计造型线

四、系列款的拓展设计与立体造型表现

1）拓展设计款式一

如图4-1-15，根据同一创意命题进行款式拓展设计，绘制款式设计图。

双层驳领设计，驳领与前腰的扇形造型为连体结构；前后圆弧下摆，多层结构的相互联系与穿插组合，形成连续展开与翻转的立体曲面造型下摆；折叠打开的膨体袖型，整体设计层次丰富，曲线变化优美而富于动感。

如图4-1-16，根据款式特点，在人台上设计造型线。

如图4-1-17，布料经向与人台前中线保持平行并与之固定，在人台上完成右前衣身的立裁造型。

根据驳领与衣身为连裁结构的特点，沿着翻折线将布料向外翻折，翻折线也顺着脖颈向后自然围裹，调整后领造型，与衣身连接的后领领底处打剪口，和人台设计的后领口线重合，修剪出领底线与翻领边线，调整前后翻领的衔接关系，按照人台上设计的结构线，修剪出分割线、腰线与侧缝线，使布料与人体自然贴合，下摆线剪至翻折线末端，在驳头底部设计两个褶裥，并根据造型需要将布料上下折叠，在腰部形成向外展开的立体造型，并将剩余布边隐藏入门襟内侧，与挂面结构结合，与门襟调整出一定的卷折空间，修剪驳领边缘线，调整与修剪出驳领的设计造型，形成右前片的立裁设计。再取一块布，按照人台上设计的结构线，修剪出肩线、袖窿线、侧缝线，腰线与右前片重合固定，布料与人体自然贴合，形成右前侧片的立裁设计。在布料上标注好所有的结构线与对位标记，从人台上取下，整理成右前片与右前侧片的平面样板。

如图4-1-18，按照右前片的立裁造型方法，在人台上完成左前片的立裁设计，注意修剪驳领边缘线，调整与修剪出与右侧不对称的驳领设计造型。在布料上标注好所有的结构线与对位标记，从人台上取下，整理出左前片的平面样板。

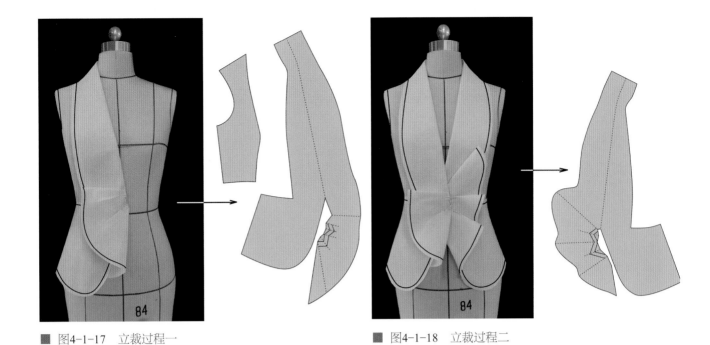

■ 图4-1-17　立裁过程一

■ 图4-1-18　立裁过程二

如图 4-1-19，按照右前侧片的立裁造型方法，在人台上完成左前侧片的立裁设计，在布料上标注好所有的结构线与对位标记，从人台上取下，整理成平面样板。

如图 4-1-20，驳领为双层结构，外层驳领与挂面结构连接，沿着翻折线从内层翻出，取适当大小的布料，在人台上进行外层驳领的立裁造型。布料经

向与人台后中线保持平行，领片的后中线与人台后中线重合并固定，上下层驳领的领口线与左侧翻折线重合，调整右侧翻折线的角度，使驳领底部向内卷折，与下层造型形成多层次的卷折空间，修剪驳领边缘线，调整出驳领的设计造型。在布料上标注好所有的结构线与对位标记，从人台上取下，整理成平面样板。

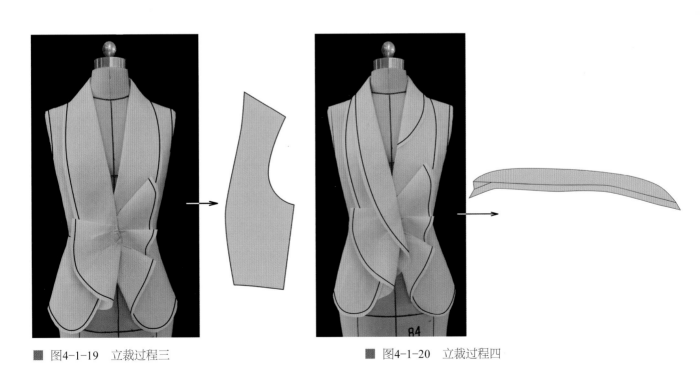

■ 图4-1-19　立裁过程三

■ 图4-1-20　立裁过程四

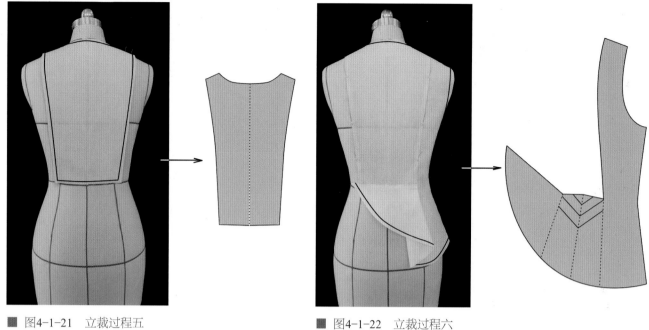

　　如图 4-1-21，布料经向保持垂直，后
片中线与人台后中线重合固定，在人台上
完成后片的立裁设计。按照人台上设计的
结构线，修剪出后领线、肩线、分割线与腰
线，使布料与人体自然贴合，在布料上标注
好所有的结构线，从人台上取下，整理成平
面样板。

　　如图 4-1-22，取适当大小的布料，布
料经向与腰线保持垂直并与人台固定，按照
人台上设计的结构线，修剪出肩线、袖窿线
与侧缝线，分割线剪至腰线处，靠近中线的
布料向侧缝方向折出一个褶裥，折线与分割
线对齐，其余布料修剪至与后片腰线长度
相等并与之重合固定，按图示效果修剪下摆
线，调整整体造型，使后片下摆呈现半圆形
的立体折叠造型，在布料上标注好所有的结
构线，从人台上取下，整理成后侧片的平面
样板。

　　如图 4-1-23，根据衣片的袖窿形态与
测量数据，用平面制版的方法得到合体的两
片袖结构样板，作为袖子变化的基础样板。

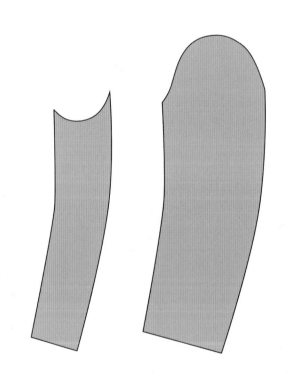

■ 图4-1-23　袖子设计一

如图 4-1-24，袖肘线向上量取 5cm 左右水平画线，将大袖片分割成上下结构，再将下片结构分割出左右等量的两片结构，分别向纵向分割线以外的方向进行加量设计，画出相同的弧线，形成新的袖体形状，按图示，在左右分片结构中，再分别设计出三条线，剪开并位移，在弧线上设计出三个褶省，使袖筒中部形成蓬松立体的造型效果，整理出外层袖筒的平面纸样。

如图 4-1-25，将大、小袖片按照正确的结构关系进行组合与假缝，与衣身的袖窿结构进行吻合，调整袖子的整体造型，在布料上标注好修改记号与对位标记，整理成袖子的平面纸样。

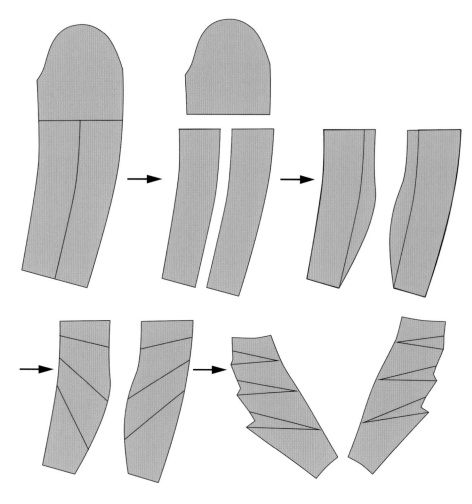

■ 图4-1-24　袖子设计二

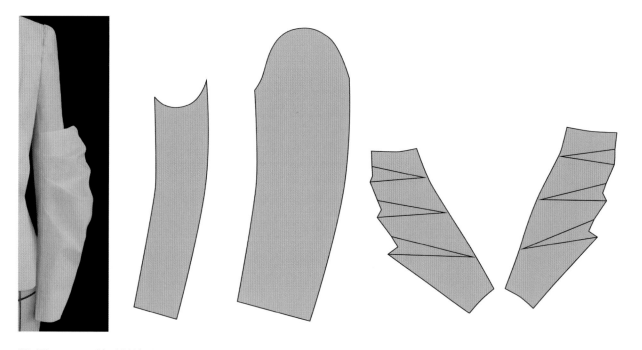

■ 图4-1-25　袖子设计三

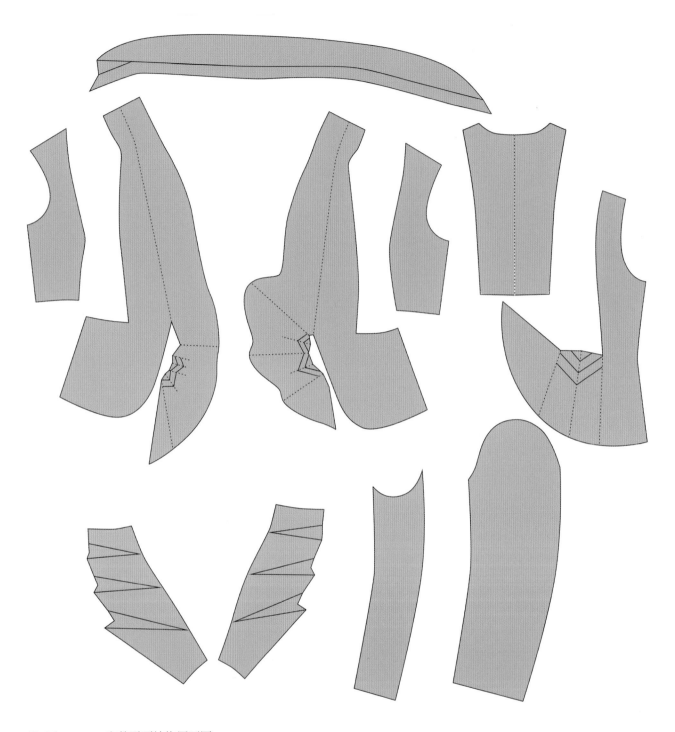

■ 图4-1-26　完整平面结构展开图

　　如图 4-1-26，核对所有平面样板，按照正确的结构标注与丝缕方向，整理出完整的平面结构展开图。

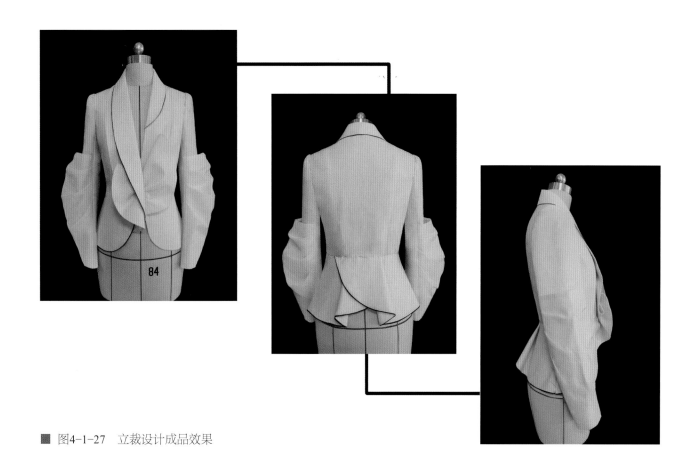

如图 4-1-27,按照整理出的样
板,对立裁布片进行核对与修剪,制作
成坯布样衣,挂上人台熨烫整理,呈现
出最终的成品效果。

2)拓展设计款式二

如图 4-1-28,根据同一创意命
题继续进行款式拓展设计,绘制款式
设计图。

该款式为左右对称的合体长袖上
衣,连身立领结构,挂面与前片连裁,
门襟对折,形成向外翻折的双层活页
设计,前片分割线设计通体插片,通过
折叠与褶裥手法在腰部呈现上下翻折
的立体扇形装饰,前后下摆设计为多
层半圆的折叠造型,上下抽褶形成立
体蓬松的肩袖设计。

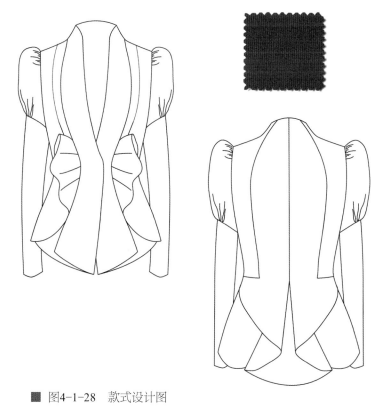

■ 图4-1-28　款式设计图

如图 4-1-29，根据款式特点，在人台上设计造型线。

如图 4-1-30，布料经向与人台腰线保持垂直并与之固定，在人台上完成前侧片的立裁设计。将所有省量集中在胸凸点以下，形成省道结构，按照人台上设计的结构线，修剪出肩线、袖窿线、侧缝线、腰线与分割线，使布料与人体曲面自然贴合，在布料上标注出所有的结构线，从人台上取下，整理成前侧片的平面纸样。

如图 4-1-31，布料经向与人台腰线保持垂直并与之固定，按照人台上设计的结构线，在人台上完成前侧摆片的立裁设计，在布料上标注出所有的结构线，从人台上取下，整理成平面纸样。

如图 4-1-32，布料沿着经纱方向向外对折，对折线与人台门襟线对齐，将布料与人台固定，按照人台上设计的结构线，修剪出连身立领的领线、分割线与腰线，腰线以上为对折的双层结构，与相邻的前侧片在分割线处重叠固定，侧摆部位置于侧摆片下层，并与侧片腰线一同重合固定，修剪下摆造型，在布料上标注出所有的结构线，从人台上取下，整理成前中片的平面纸样。

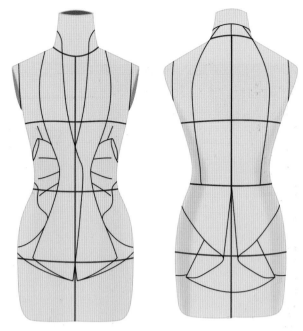

■ 图4-1-29　设计造型线

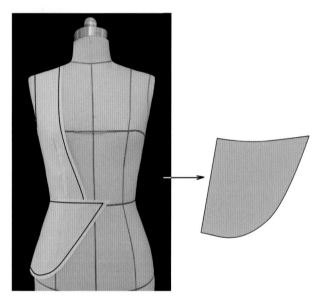

■ 图4-1-31　立裁过程二

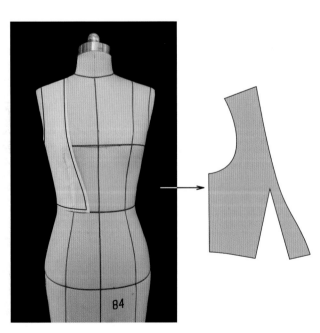

■ 图4-1-30　立裁过程一

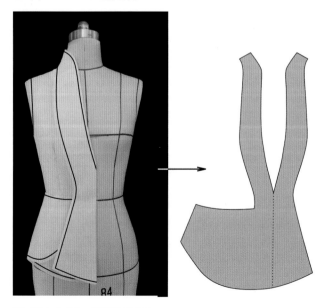

■ 图4-1-32　立裁过程三

如图4-1-33，在前片的分割线中设计一个插片，将插片进行上下反复折叠，结合褶裥设计，在腰部形成舒展的扇形荷叶造型，按图示效果修剪布料边缘，调整插片大小与形态，与下摆线与外翻门襟共同构成一个立体的、具有装饰效果的多层形态，在布料上标注出插片的边缘线与结构标记，从人台上取下，整理成平面纸样。

如图4-1-34，按照布料的经纱方向确定后片的后中线，并与人台腰线以上的后中线重合固定，剪口打至后中线与腰线的交点，将剪口左下方的布料向侧缝方向拉动，对准剪口形成一个三角形的自然褶，将腰线以下的布料与人台后中线对齐固定，标注完整的后中线，按照人台上的结构线，修剪出后领口线、分割线与腰线，从腰线与侧缝的交点开始，向下摆中部斜向修剪，形成内外卷折的流畅弧线，在布料上标注出所有的结构线，从人台上取下，整理成后片的平面纸样。

如图4-1-35，取适当大小的布料，经向与人台腰线保持垂直并与之固定，按照设计的结构线，在人

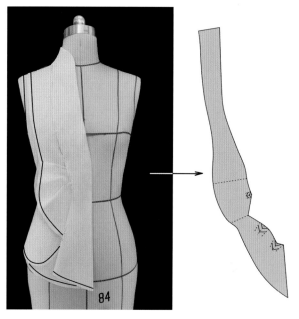

■ 图4-1-33　立裁过程四

台上完成后侧片的立裁造型，在布料上标注出所有的结构线，从人台上取下，整理成平面纸样。

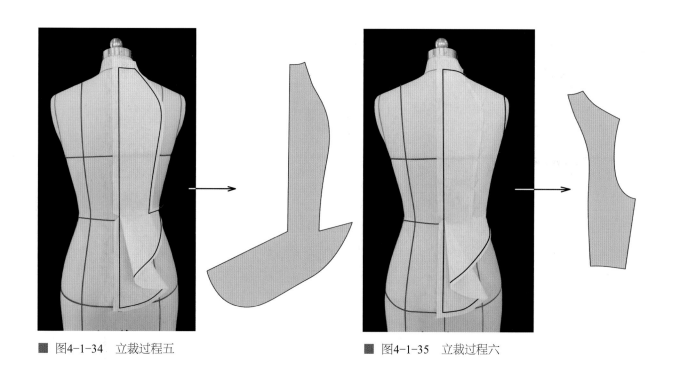

■ 图4-1-34　立裁过程五　　　　　　　　　■ 图4-1-35　立裁过程六

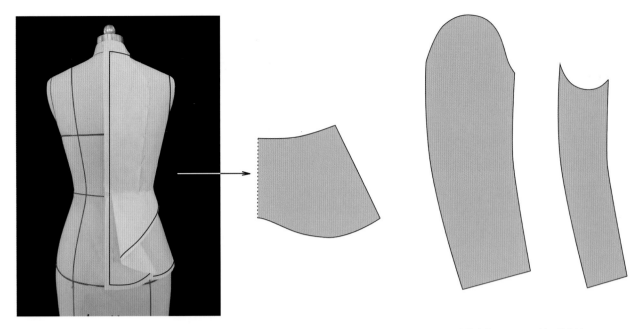

■ 图4-1-36　立裁过程七

■ 图4-1-37　袖子设计一

如图 4-1-36，将后片的下摆布料掀起，露出人台腰线，按照后腰臀的曲面变化，在人台上完成内层下摆片的立裁造型。按照人台的结构线，修剪出腰线与侧缝线并固定造型，再将后片下摆布料放下来，调整后片下摆的整体造型，使多层结构的扇形下摆呈现交错层次的造型特征，下摆边缘形成上下起伏的曲线变化，在布料上标注出所有的结构线，从人台上取下，整理成左右对称的内层下摆片的平面纸样。

如图 4-1-37，根据衣片的袖窿形态与测量数据，用平面制版的方法得到合体的两片袖结构样板，作为袖子变化的基础样板。

如图 4-1-38，在大袖片的上端设计一条弧线，将之分割成上、下两片的分片结构，将上端的袖片进行上下不等量的横向加量设计（通过抽褶工艺，形成中部蓬松隆起立体造型），完成大袖片的结构设计。

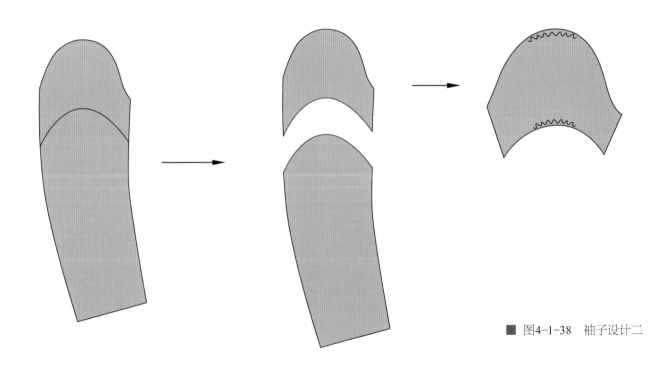

■ 图4-1-38　袖子设计二

如图 4-1-39，将大、小袖片按照正确的结构关系进行组合与假缝，与衣身的袖窿结构进行吻合，调整袖子的整体造型，在布料上标注好修改记号与对位标记，整理成袖子的平面纸样。

如图 4-1-40，核对所有平面样板，按照正确的结构标注与丝缕方向，整理出完整的平面结构展开图。

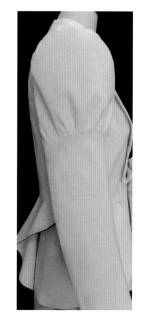
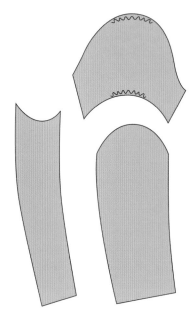

■ 图4-1-39　袖子设计三

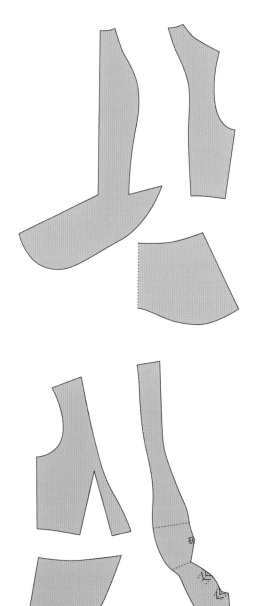

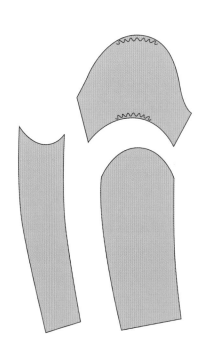

■ 图4-1-40　完整平面结构展开图

■ 图4-1-41　立裁设计成品效果

如图 4-1-41,按照整理出的样板,对立裁布片进行核对与修剪,制作成坯布样衣,挂上人台熨烫整理,呈现出最终的成品效果。

五、总结与分析

如图 4-1-42,选择适合的面料、色彩与搭配方式,将立裁设计的三款合体上衣绘制成系列效果图。

如图 4-1-43,将系列的设计图与立体造型成品效果做对比,从审美与技术角度,调整细节。

如图 4-1-44~4-1-46,利用驳领向下延伸的连裁设计,运用卷折、褶裥等造型手法,在前片腰部形成以扇形变化为主要特征的立体设计,成为系列设计突出创意主题的造型焦点。

如图 4-1-47~4-1-49,利用褶省、折叠与加量起浪的造型手法,形成多变袖体与腰部的局部造型的内部空间,呈现出向外延展的立体造型,外形线舒展流畅,驳领与下摆边缘线不规则的曲线变化,强调了整体的层次设计。

■ 图4-1-42　系列设计效果图

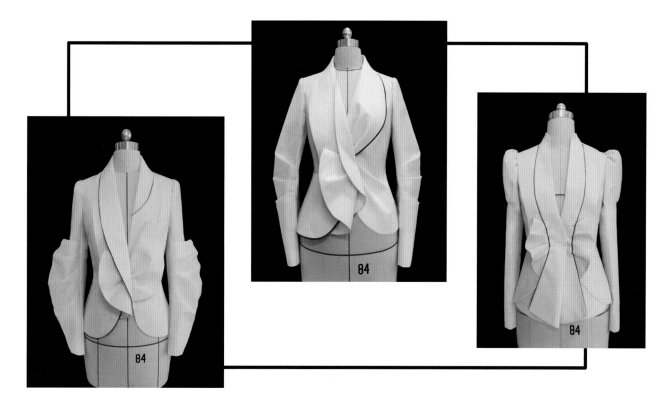

■ 图4-1-43 系列设计成品效果

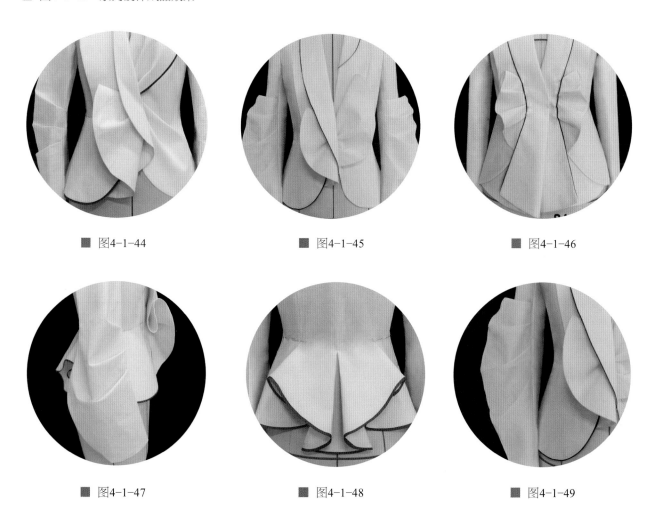

■ 图4-1-44　　　　　　　　　■ 图4-1-45　　　　　　　　　■ 图4-1-46

■ 图4-1-47　　　　　　　　　■ 图4-1-48　　　　　　　　　■ 图4-1-49

视频10：宽松设计

完美的立裁设计首先源于对服装材料元素的正确理解与运用。

立体造型设计的过程是根据款式的特征选择适合的服装面料，再结合面料自身特性使整体造型风格对应于特定的裁剪手法，是用独特的视角诠释创意灵感的过程。

斜向裁剪多用于高级定制或高级成衣设计中，款式多采用轻薄飘逸的面料。作为一种独特的裁剪技术，斜向裁剪以"重力引导设计"为原则，最大限度地借助面料重力与经纬纱线角度转移的相互作用力而产生的自然悬垂状态来表现人体形态的自然之美或款式柔美灵动的造型之美，即使裁片的中心线与布料的经纱方向呈45°夹角，利用面料斜向具有伸缩性、悬垂性和易于弯曲变形的特点，在特定的部位产生自然柔美的，以弧线为特征的悬垂衣褶，衣褶之间的凹陷垂直于地面且逐渐增宽，并在凹陷的卷折线呈现优美的光泽效果，在造型上形成独特的视觉美感。在服装个性化与风格化的立裁设计中，通过斜裁可突破传统裁剪方式对结构设计的限制，拓宽服装空间设计的可能性。

宽松类款式的立裁设计，可在衣片的连裁结构中，通过斜裁设计改变局部裁片的纱向布局，使服装的特定部位产生自然的垂褶，整体造型形成松软柔和、舒适自然的风格特征。

以《牛奶咖啡》为创意命题，进行春夏宽松女衬衫的款式设计，根据同一设计命题与造型设计手法，拓展一款连衣裙，成为完整的成衣产品系列。

以《牛奶咖啡》为创意命题的设计视频10。

一、设计灵感与构思

牛奶加咖啡，品其味，如爱情，甘之如饴，香飘在外，苦沉在底，甜浮于外，酸含在里。

牛奶加咖啡，会其意，如做人，意喻包容与融合，心纳百川，才可感受精彩人生。

牛奶加咖啡，观其形，如恋人，无形即有万物之形，形影交融，你我难分。

牛奶加咖啡，赏其色，如宇宙星辰，两色可变幻世间无穷。

色彩斑斓的都市，午后温暖的阳光，一杯咖啡，一杯牛奶，一点苦涩，一点浓香。

如图4-2-1，体验生活，以生活中对于某种事物的某些情绪与感受作为设计的灵感。

在同一设计命题下，因主体认知不同而形成的情绪或感受，通常会呈现出差异性的特点，我们往往通过具象或抽象的思维方式，从中寻找其共性，并用可与之关联的形、色、质等设计元素及其表现手法进行提炼与归纳。如图4-2-2，绘制出设计的初步意向图，确定款式类型，从廓形、色彩、面料，以及局部造型的处理手法等方面明确设计的基本方向。

■ 图4-2-1　灵感图片

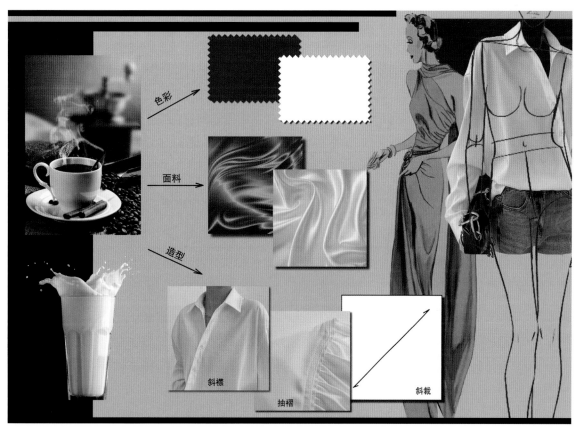

■ 图4-2-2　设计元素的转化

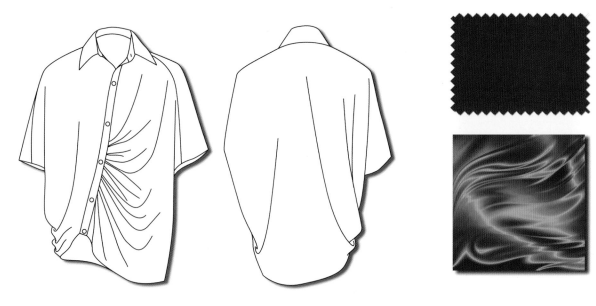

■ 图4-2-3 款式设计图

分别运用咖啡色与奶白色的真丝软缎,设计出宽松女衬衫与无袖连衣裙,构成小型系列的创意成衣产品设计。通过基础样板的平面位移,形成整片斜裁的非常规设计,充分利用面料悬垂而形成自然优美的褶浪,强化了宽松柔和的主体廓形,斜襟、抽褶等局部细节与整体造型相互协调,款式设计创意而实用,具有一定的商业市场推广价值。

二、设计图解析

如图 4-2-3,根据廓形与局部的造型特点,完成宽松衬衫的设计,绘制完整的款式设计图。

选用咖啡色的真丝素面软缎面料,主体采用不对称的前后整片连裁结构,利用面料的丝缕布局设计与样板的结构位移变化,形成简洁而优美的造型线条。

a. 宽松廓形,经典衬衫领设计。

b. 不对称斜线门襟,前身抽褶设计。

c. 连身中袖结构,强调肩部线条。

d. 前后整片连裁,前后中线丝缕垂直处理,利用斜裁设计,使腋下形成弧线褶浪。

三、立裁设计过程

① 如图 4-2-4,根据款式设计图,在立裁人台上设置关键部位的规格数据,设计造型线的位置,确定 A、B、C、D、E、F、G 点。量取并记录 A、B 点间的距离,作为立裁布料长度的参考数据,量取并记录从 C 点围绕后片衣摆经过 B、D 点到 E 点的弧线长度,作为立裁布料宽度的参考数据,量取并记录 F 点到 G 点的弧线长度,作为后片连身袖总长度的参考数据。

② 如图 4-2-5,根据设计的参考数据,取适当大小的布料,使人台后中线与布料经纱对齐,将左右肩分别向外延长至以袖长参考数据为基础的 F 点、G 点,确定布料上端宽度。按照人台后领线,将布料进行设计修剪,确定 A 点位置,参考 A、B 点间距离的数据,从 A 点向下量取后中衣长,放出 5cm 左右,并向左右两侧垂直剪开,在人台上按照设计效果初步立裁出袖片结构,对布料进行粗裁对位与取料。

③ 如图 4-2-6,提起下摆左侧布料,将后片左侧肩凸以下的量转移至袖窿,后背腋下形成明显的突起,使后片下摆与人体保持平服,增大后片活动空间,按照设计效果,调整左侧后背的腋窝造型。

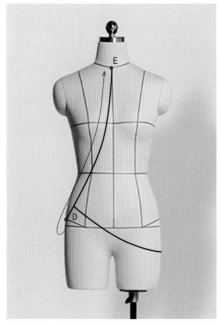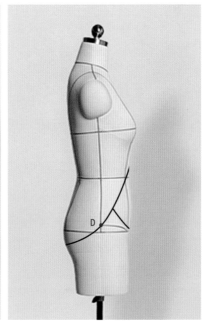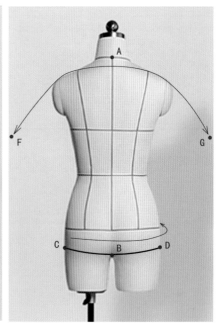

■ 图4-2-4　造型线布局与粗裁设计

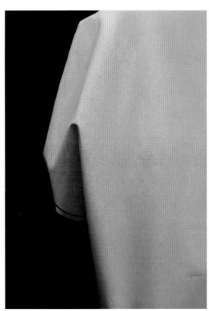

■ 图4-2-5　立裁过程一　　　　■ 图4-2-6　立裁过程二　　　　■ 图4-2-7　立裁过程三

④ 如图 4-2-7,按照肩线与袖中线的设计夹角(约 30°),顺着肩线向下,在袖口处设计省道,进行肩部的立体造型;将连袖部位的其余布料向前铺平,与人体肩部贴合,将腋下袖体部位的布料顺着人体侧面向内折,确定袖窿底部位置,并向下翻折,形成完整的后袖窿形态;同时在人台上修剪出后衣片

的侧缝线。

⑤ 如图 4-2-8,将连接后片衣身右侧的布料向前领口方向提起,在 E 点固定,使后片下摆线与前片的门襟线成为一条弧线,并顺着人体自然旋转贴合。因腋下布料形成斜向丝缕,可将布料从袖窿底部的前后方向,顺着人体侧曲面,分别调整出两个立体的自然褶

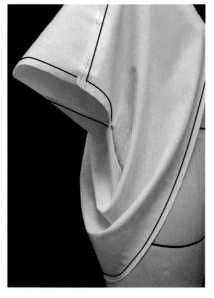

浪,将腋下窿底多余的布料设计为一个省道,将后肩剩余布料向前延伸,调整出合适的肩部造型,并与前身布料固定出连袖的结构线,形成完整的袖窿形态。

⑥ 如图4-2-9,设计前身的领口线与左侧连袖的结构线位置,最后对整体的造型进行调整,按照设计效果修改局部造型与线条,直到满意为止。将布料从人台上取下,并根据记号与标注,将布料整理成平面样板。

⑦ 如图4-2-10,在人台上立裁出另一个独立的前片。在斜向门襟的胸腰水平位置,设计出向胸部、侧缝、下摆放射形态的碎褶,并与另一侧的门襟线重合对齐,使布料边缘与人体自然贴合。按照款式的设计效果,调整前身主体的整体与局部造型。将布料从人台上取下,并根据记号与标注,将布料整理成平面样板。

■ 图4-2-8　立裁过程四

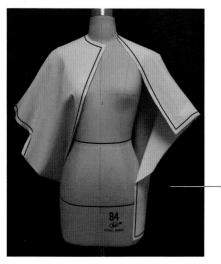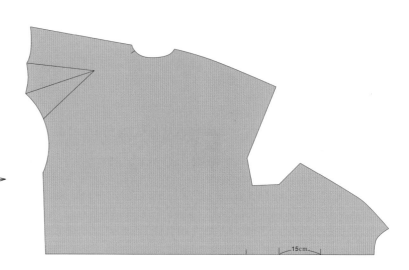

■ 图4-2-9　立裁过程五

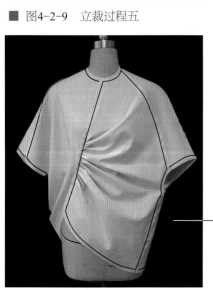

■ 图4-2-10　立裁过程六

⑧ 如图 4-2-11,按照款式的设计效果,调整后身主体的整体与局部造型。

⑨ 如图 4-2-12,核对所有平面样板,按照正确的结构标注与丝缕方向,整理出完整的平面结构展开图。

⑩ 如图 4-2-13,采用咖啡色的真丝素面软缎,按照宽松衬衫立裁的结构样板制作成样衣,挂上人台熨烫整理,呈现出最终的立裁设计成品效果。

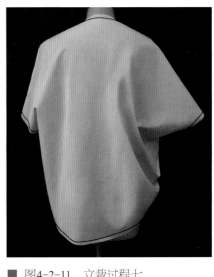

■ 图4-2-11 立裁过程七

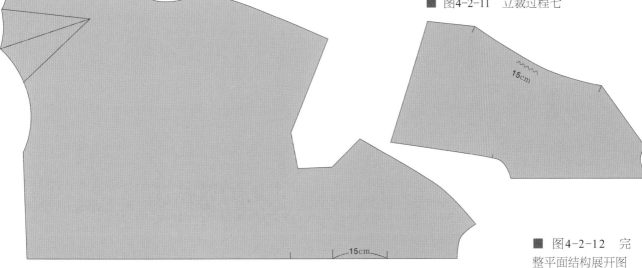

15cm

15cm

■ 图4-2-12 完整平面结构展开图

■ 图4-2-13 立裁设计成品效果

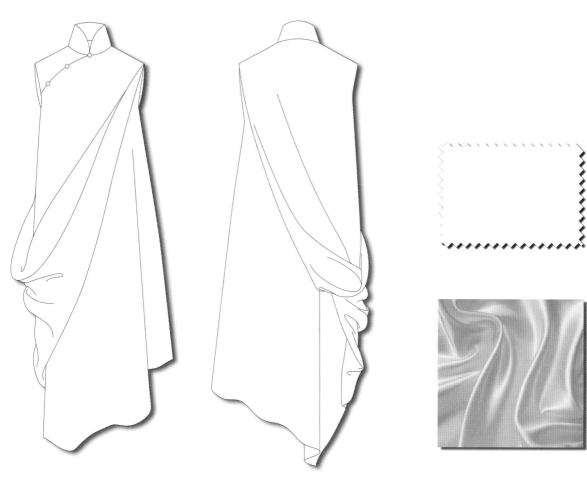

■ 图4-2-14　拓展款款式图

四、系列拓展设计与立体造型表现

1. 款式拓展设计

　　如图 4-2-14，根据同一设计命题与造型设计手法，拓展一款连衣裙，与衬衫款成为完整的成衣系列产品，并绘制完整的款式设计图。

　　该款式为 A 形宽松廓形、立领、无袖、斜襟设计。衣片由一侧肩点向斜下方侧摆，形成与门襟相同方向的斜向线条，构成双层结构的整片连裁设计，外层侧缝处形成自然褶浪。

　　按照款式图造型特征进行立体造型设计。

　　如图 4-2-15，根据款式特点，在人台上设计领线、斜襟、袖窿等造型线。

　　如图 4-2-16，立裁并整理出前后片的基础样板。

　　根据设计需要，在基础样板上进行平面位移设计，以取得适合的造型效果。

　　如图 4-2-17，将前后片的基础样板平行移动并向相反方向调整角度，使前后片中线形成 90° 夹角，分别对应其中同侧侧缝拼接线，进行相反方向的复制与平移，构成裙身主体的整片结构，将复制后

的前后片侧缝线连接并调整成一条直线，
分别与复制前的前后片中线形成45°夹
角，作为裙片外层的裙摆线。将复制前的
前后片下摆连接并调整成一条曲线，作为
裙片内层的下摆线。

如图4-2-18，采用奶白色的真丝素
面软缎，按照立体造型与样板变化得到的
结构样板，制作成样衣，挂上人台熨烫整
理，呈现出最终的成品效果。

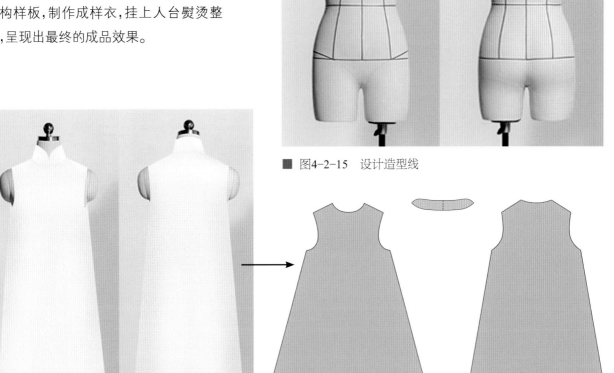

■ 图4-2-15　设计造型线

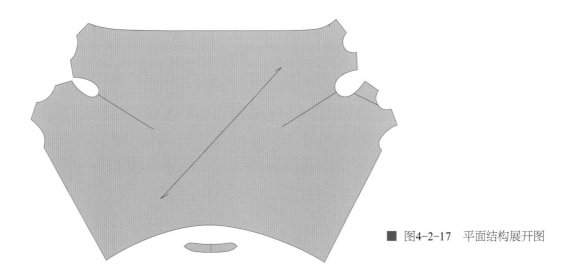

■ 图4-2-16　整理基础样板

■ 图4-2-17　平面结构展开图

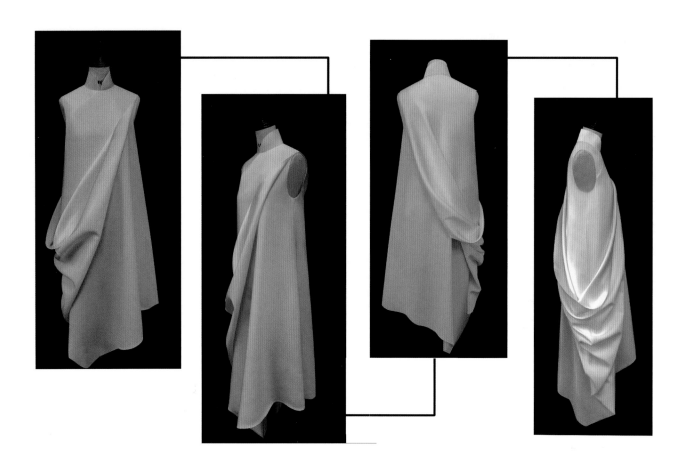

■ 图4-2-18　立裁设计成品效果

五、总结与分析

如图 4-2-19,绘制整个系列
的效果图。

■ 图4-2-19　系列设计效果图

如图 4-2-20,将系列的设计图与立体造型成品效果做对比,从审美与技术角度,调整细节。

如图 4-2-21、图 4-2-22 的细节所示,《牛奶咖啡》为不同款型构成的系列设计,分别为宽松衬衫与宽松连衣裙,均在基础样板的基础上进行平面化的结构变化,使前后片的构成方式突破传统主体结构的基本特征,形成整片连裁的结构,简化了结构线数量。分别调整前后中线的夹角,使布料形成斜裁,从而使面料纱向发生变化,局部产生自然柔和的垂浪,强化了面料的特征。

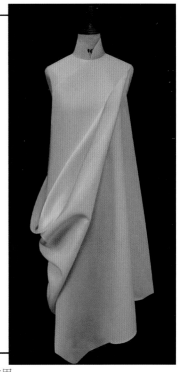

■ 图4-2-20　系列设计立裁成品效果

■ 图4-2-21　细节（一）

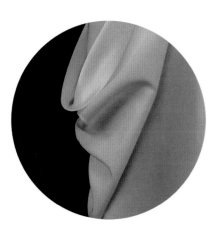

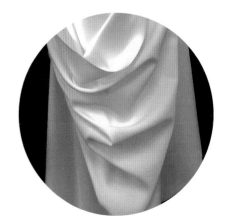

■ 图4-2-22　细节（二）

参考文献

［1］克莱夫·哈里特·阿曼达·约翰斯顿，高级服装设计与面料［M］.上海：
东华大学出版社，2016.

［2］吴启华，廖雪梅，孙有霞.服装设计［M］.上海：东华大学出版社，2013.

［3］张文辉，王莉诗.服装设计创意篇［M］.上海：学林出版社，2021

［4］李鑫.服装系列设计规律探究［J］.山东纺织经济，2019（02）

［5］王小雷.论现代服装设计中的系列性思维［J］.武汉科技学院学报，2007（01）

［6］谢玻尔.品牌服装系列化造型与艺术设计原理的关联性［J］.福州大学学报
(哲学社会科学版)，2020（06）

［7］肖文君.浅谈系列服装设计的表现方法［J］.广东蚕业，2020（01）

［8］李宁.服装创意设计与技术的关联性［J］.东华大学学报，2012（12）

［9］邱佩娜.创意立裁［M］.北京：中国纺织出版社，2017.

［10］鑫玥.服装设计效果图表现技法——手绘+电脑绘步骤详解［M］.化学工业
出版社，2022.

［11］殷薇、陈东生.服装画技法（第二版）［M］.上海：东华大学出版社，2018.

［12］甄珠.摩羯日记:创意成衣立裁［M］.上海：东华大学出版社，2019.

［13］要彬.形神之间：创意服装设计［M］.北京：中国纺织出版社，2019.

［14］(英)麦凯维.(英)玛斯罗.时装设计:过程、创新与实践（第2版）［M］.
杜冰冰 译.北京：中国纺织出版社，2019.